博碩文化

博碩文化

文化

Spring Boot
零基礎入門

從零到專案開發
古古帶你輕鬆上手

古君葳(古古) 著

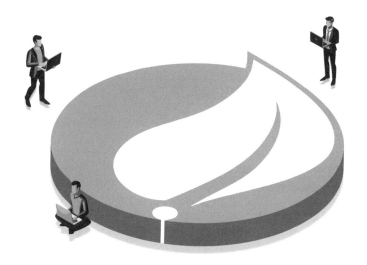

這次真的學會 Spring Boot
四大核心主題 × 完整的專案開發練習

2023
iThome鐵人賽
優選

打穩基礎	**理論搭配實踐**	**完整專案開發**	**實戰經驗分享**
階段式學習	了解基本語法觀念	從零開始設計和實作	不走彎路
建立良好基礎	實際練習所學	簡易的後端程式	業界實戰經驗分享

iThome
鐵人賽

本書如有破損或裝訂錯誤，請寄回本公司更換

作　　者：古君葳（古古）
責任編輯：何芠穎

董 事 長：曾梓翔
總 編 輯：陳錦輝

出　　版：博碩文化股份有限公司
地　　址：221 新北市汐止區新台五路一段 112 號 10 樓 A 棟
　　　　　電話 (02) 2696-2869　傳真 (02) 2696-2867

發　　行：博碩文化股份有限公司
郵撥帳號：17484299　戶名：博碩文化股份有限公司
博碩網站：http://www.drmaster.com.tw
讀者服務信箱：dr26962869@gmail.com
訂購服務專線：(02) 2696-2869 分機 238、519
（週一至週五 09:30 ～ 12:00；13:30 ～ 17:00）

版　　次：2024 年 12 月初版一刷

建議零售價：新台幣 720 元
I S B N：978-626-414-033-1
律師顧問：鳴權法律事務所 陳曉鳴律師

國家圖書館出版品預行編目資料

Spring Boot 零基礎入門：從零到專案開發，古古
帶你輕鬆上手 / 古君葳 (古古) 著 . -- 初版 . --
新北市：博碩文化股份有限公司，2024.12
　面；　公分 . -- (iThome 鐵人賽系列書)

ISBN 978-626-414-033-1 (平裝)

1.CST: 系統程式 2.CST: 電腦程式設計

312.52　　　　　　　　　　　　　113017417

Printed in Taiwan

博碩粉絲團
歡迎團體訂購，另有優惠，請洽服務專線
(02) 2696-2869 分機 238、519

「想要了解 Spring Boot，但是到底要從何入門？」這可能是大多數人一開始接觸 Spring Boot 時最大的困擾。

在我剛接觸 Spring Boot 時，曾經花了許多時間上網搜尋相關文章的介紹，但是仍舊對於 Spring Boot 底層的運作邏輯一知半解，直到我參考了許多書籍、研究 Spring 官方文件，最終才得以慢慢抽絲剝繭出 Spring Boot 真實的面貌。

由於我曾經受過學習 Spring Boot 的困擾，因此我就在想：「有沒有辦法寫一本書，整理 Spring Boot 的入門必備知識，然後系統性的分享給大家？」這樣子大家就不用再和我一樣，需要花許多時間學習 Spring Boot 了。

也就是因為這個念頭，所以這本書就誕生了！

本書目標

這本書希望能夠為想要學習 Spring Boot 的人，提供一個入門的指引。

在看完本書之後，你能夠了解什麼是 Spring Boot，並且能夠運用 Spring Boot，實作出一個簡易的後端系統。

章節安排

本書的章節安排如下：

- **PART 1（認識 Spring Boot）**：安裝 Spring Boot 的開發環境，實作你的第一個 Spring Boot 程式
- **PART 2（Spring IoC 介紹）**：介紹 Spring 中的 IoC 特性，了解 IoC、DI、Bean 的定義，以及如何在 Spring Boot 中創建和注入 Bean
- **PART 3（Spring AOP 介紹）**：介紹 Spring 中的 AOP 特性，了解切面的特性和用法
- **PART 4（Spring MVC 介紹）**：介紹 Spring 中的 MVC 功能，了解如何透過 Spring MVC 和前端溝通，在前後端之間傳遞數據
- **PART 5（Spring JDBC 介紹）**：介紹 Spring 中的 JDBC 功能，了解如何透過 Spring JDBC 和資料庫互動，存取資料庫的數據
- **PART 6（實戰演練）**：總和上述所學習到的內容，練習使用 Spring Boot 實作一個圖書館的管理系統

致謝

非常感謝我的家人、朋友、學員、以及粉絲們的支持，因為有你們的支持和鼓勵，我才能夠走到這裡。也感謝編輯們的強力支援，才能夠讓這本書順利出版。

衷心希望這本書能為你帶來幫助！

PART 1　認識 Spring Boot

01　Spring Boot 簡介

02　開發環境安裝（Mac 版）

03 開發環境安裝（Windows 版）

04 第一個 Spring Boot 程式

PART 2 Spring IoC 介紹

05 Spring IoC 簡介

10 讀取 Spring Boot 設定檔—@Value、application.properties

PART 3　Spring AOP 介紹

11 Spring AOP 簡介

12 Spring AOP 的用法—@Aspect

PART 4　Spring MVC 介紹

13　Spring MVC 簡介

14　Http 協議介紹

15　Url 路徑對應—@RequestMapping

16　結構化的呈現數據—JSON

17　返回值改成 JSON 格式—@RestController

18　常見的 Http method—GET 和 POST

23　Http status code（Http 狀態碼）介紹

PART 5　Spring JDBC 介紹

24　Spring JDBC 簡介

25　資料庫連線設定、IntelliJ 資料庫管理工具介紹

26 Spring JDBC 的用法 (上)─
執行 INSERT、UPDATE、DELETE SQL

27 Spring JDBC 的用法 (下)─
執行 SELECT SQL

28 MVC 架構模式─Controller-Service-Dao 三層式架構

PART 6 實戰演練

29 實戰演練─打造一個簡單的圖書館系統

30 Spring Boot 零基礎入門總結

PART 1

認識 Spring Boot

CHAPTER

01

Spring Boot 簡介

哈囉！能在這裡看到你，想必你也是對於學習 Spring Boot 非常感興趣吧！
從這裡開始，我們就會開始來介紹 Spring Boot 的概念和用法了。

本書內容包含：

- 了解什麼是 Spring Boot，以及如何運用 IntelliJ 這套軟體開發 Spring Boot 程式。
- 了解 Spring 框架的兩大特性—IoC 和 AOP。
- 了解 Spring MVC、Spring JDBC 的基本用法。
- 能夠運用 Spring Boot，實作出一個簡易的後端系統。

準備好了嗎？那就繫好安全帶，跟著我一起出發去探索 Spring Boot 吧！
Let's Go ！

1.1 什麼是 Spring Boot ？

所謂的 **Spring Boot**，是目前 **Java** 後端中最主流的開發框架。不過在開始
介紹什麼是 Spring Boot 之前，我們需要先來了解一下「前端」跟「後端」
之間的差別，以及「框架」又是代表什麼意思。

1.1.1「前端」和「後端」的差別

在現今的網站架構中，可以分成「前端」和「後端」兩部分：

- 前端：**負責網頁的排版設計**。所以像是網頁中要使用什麼顏色的按鈕、按鈕要放在哪裡、標題大小要多大……等等，這些都是屬於前端的範疇。
- 後端：**負責數據處理**。所以像是商品的價格是多少、每一筆評價的留言內容是什麼…等等，這些就是屬於後端的範疇。

所以簡單來說，前端工程師就是負責去實作「這個網頁要長什麼樣子」，而後端工程師則是負責去處理「要在這個網頁上賣什麼東西」，所以**前端工程師處理的是排版設計，而後端工程師處理的則是動態的數據**。

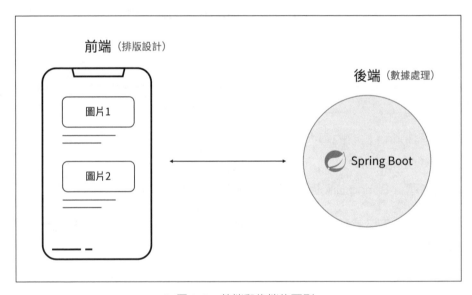

▲ 圖 1-1　前端和後端的區別

而在理解了前端和後端的概念之後，接著就可以來理解「框架」的概念了。

1.1.2「框架」是什麼意思？

透過剛剛的介紹，現在我們知道，前端是負責網頁的排版設計，後端則是負責數據處理。而在前端的世界中，其實是有非常多種的程式語言，都可以去實作出網站的排版設計，所以同樣的道理，在後端的世界中，也是有非常多種的程式語言，可以去實作出數據處理的功能的。

在後端的世界中，比較常被拿來使用的程式語言有 Java、Python、PHP……等等，所以「Java 後端」所表示的，就是使用 Java 來開發的後端程式。

而在最古早的時代，工程師們就是直接拿著 Java 和 Python 這種程式語言，一筆一畫的把整個後端系統給實作出來，所以使用者就可以透過這個後端系統，在某個電商網站中執行購買商品、或是去查看商品評價……等等的操作。

但是這些工程師們當時寫著程式就發現，每次開發一個後端系統，都要重新寫一堆相似度非常高的程式，覺得很心累也很浪費時間，因此就有團隊開始開發出了「**框架（Framework）**」，試圖提升開發後端系統的效率。

所以到這邊為止，大家可以先簡單的把「框架（Framework）」想像成是一個好用的工具包，在沒有框架以前，你要花非常多時間和力氣，才能夠手動的用螺絲起子，去把整個後端的系統給蓋出來，而在有了框架之後，你就像拿到一把強力電鑽一樣，只要輕鬆的按幾下按鈕，就可以快速的把後端系統給架設出來了。

所以「加速工程師開發的效率」，就是「框架」被發明出來的目的。

1.1.3 所以，Spring Boot 到底是什麼？

了解了「Java 後端」和「框架」的意義之後，這時候我們回頭看一開始説的那句話，就比較可以看得懂了。

我們在一開始有提到：「**Spring Boot 是目前 Java 後端中最主流的開發框架**」，所以 Spring Boot 的目的，就是「提供一個好用的工具，讓 Java 後端工程師可以加快開發的效率」。

也因為 Spring Boot 非常的好用，幾行簡單的設定就可以快速架設出一個後端系統出來，所以 Spring Boot 就成為了目前 Java 業界中最主流的開發框架，甚至已經到了「不會 Spring，不談就業」的程度，由此也可知 Spring Boot 對 Java 業界的影響程度。

> (補充)
>
> 「框架」的目的，就是為了提升工程師開發的效率，而不同的程式語言，其實都會有它專屬對應的框架可以使用，譬如說以 Java 為例，它對應的主流框架就是 Spring 框架，而 PHP 的話，對應的主流框架則是 Lavarel 框架，不同程式語言之間的框架是沒辦法混用的。

1.2　Spring Boot 的優勢在哪裡？

所以到這邊為止，我們已經大概了解了 Spring Boot 的用途了，基本上 Spring Boot 就是 Java 後端中一個好用的開發框架，只要你是使用 Java 來開發後端程式，通常就是會使用 Spring Boot 這套框架，來加速你開發後端程式的效率。

但說了這麼多，使用 Spring Boot 的好處在哪裡？它到底為我們提升了哪些開發的效率？所以以下我們就來探討一下，使用 Spring Boot 開發的優勢在哪裡。

1.2.1 優勢一：簡化 Spring 開發

使用 Spring Boot 的第一個好處，就是可以「簡化 Spring 的開發」。

很久很久以前，在當時傳統的 Spring 框架開發中，其實工程師是需要進行大量的 XML 設定，才能將 Spring 框架運行起來，而 Spring Boot 的推出，就是想要解決 Spring 框架設定繁瑣的缺點。

舉個例子來說，在傳統 Spring 框架中，你就是會有一堆車子的零件，但是你必須要自己「手動」把他們焊接起來，並且你可能還會焊錯；而新一代的 Spring Boot，則是你直接走進去汽車銷售中心，直接花錢下單把車開走，所以兩者相較起來，當然是 Spring Boot 更加簡單好用。

另外大家也可以觀察一下「Spring Boot」這個單字，他其實就是由「Spring」和「Boot」兩個字所組合起來的，其中「Spring」所代表的就是 Spring 框架，而「Boot」所代表的則是開機的意思，所以組合這兩個單字的話，就可以得到「Spring Boot」。

因此 Spring Boot 本身的目的，就是希望能提供一個按下開機鍵就可以直接使用的後端程式給你，並且在這個後端程式的內部，就都是使用 Spring 框架的零件所組成的。

1.2.2 優勢二：快速整合主流框架

使用 Spring Boot 開發的第二個優勢，就是可以「快速的整合主流框架」。

因為 Spring Boot 採用了「約定優於配置」的設計方式，因此就可以簡化開發時繁瑣的設定檔，快速的整合其他主流框架，提升工程師開發的效率。

這個「約定優於配置」聽起來是有點抽象，其實換句話說，就是 Spring Boot 會預先幫你設定好預設值的意思。所以假設你今天加了一個新功能，即使你

一行設定都沒有寫，Spring Boot 也會套用預先寫好的設定檔，快速的整合該框架進來。

不過雖然「約定優於配置」是很大的優點，但是對於初學 Spring Boot 的人來說，這反而會是一個小缺點，因為太多東西都被 Spring Boot 預先設定好了，所以初學者可能會完全搞不懂現在是發生了什麼事情。

不過只要好好的學習過 Spring Boot 的用法，以及了解相關的設定之後，這個優點就會轉變成非常強大的優勢！

1.2.3　其他優勢

當然 Spring Boot 還有許多很厲害的優勢，不過優勢都是和過往的框架比較出來的，而那些框架目前已經非常少見，因此大家若是有興趣的話，可以再去搜索 Spring Boot 和其他框架的對比，這邊就不多做贅述。

1.3　章節總結

這個章節我們先介紹了什麼是 Spring Boot，也介紹了前端和後端的區別、以及框架的概念，讓大家先對 Spring Boot 有一個簡單的認識。

那麼下一個章節，我們就會接著來進行環境設定，為將來的 Spring Boot 之旅架設好開發環境，那我們就下一個章節見啦！

CHAPTER

02

開發環境安裝（Mac 版）

在學習 Spring Boot 之前，環境的架設也是很重要的，所以這個章節，我們就先來進行環境設定，為將來的 Spring Boot 之旅架設好開發環境。

不過因為 Mac 和 Windows 系統的安裝方式差異比較大，所以這邊會拆成兩個章節來介紹。所以如果你的電腦是 Mac 系統，就可以直接查閱本章節，如果你的電腦是 Windows 系統，則可以直接查看下一個章節的介紹。

2.1 本書中會使用到的開發工具

本書會使用到的開發工具有：

- IntelliJ IDEA Ultimate 付費版（有 30 天試用期）
- Java 21
- MySQL 資料庫
- Chrome 擴充功能—Talend API Tester

另外，雖然本書中不會使用到下面這些工具，但是因為這些工具非常的好用，可以說是 Mac 開發者必安裝的工具，因此在這裡也會一併介紹安裝。

- Homebrew + iTerm2 + oh-my-zsh
- Git

所以接下來，我們就一起來把這些開發工具給安裝完畢，為將來的 Spring Boot 之旅架設好開發環境吧！

2.2 安裝 IntelliJ IDEA Ultimate 付費版

IntelliJ IDEA 這套軟體是目前開發 Spring Boot 的熱門軟體之一，分為 Community（社群版）以及 Ultimate（付費版）兩個版本。

Community（社群版）對 Spring Boot 的支援比較少，許多功能都必須要額外安裝 plugin 才能使用，而 Ultimate（付費版）則是對 Spring Boot 的支援比較全面，但是需要付費使用。

不過因為 Ultimate（付費版）有 30 天免費試用期，因此如果是初學的話，建議可以先使用 Ultimate（付費版）的試用期來學習 Spring Boot，等到摸得比較熟之後，再換成 Community（社群版），這樣子在學習上，才不會一開始就被環境問題搞得心力交瘁。

補充

如果大家有學生教育信箱，也可以到 JetBrains 的網站申請教育帳號（https://www.jetbrains.com/shop/eform/students），就能免費使用 Ultimate（付費版）一年（具體細節以 JetBrains 官網為準）。

2.2.1 下載 IntelliJ IDEA Ultimate 付費版

想要下載 IntelliJ IDEA Ultimate 的話，可以在 Google 上搜尋「IntelliJ」，也可以輸入下方的連結，就可以進到 IntelliJ 的下載頁面。

IntelliJ 的下載連結：

https://www.jetbrains.com/idea/download/

進到 IntelliJ 的下載頁面之後，IntelliJ 官網會自動偵測你所使用的 Mac 是屬於 Intel 晶片、還是屬於 Apple 的 M1、M2……等等的晶片，並且提供相對應的下載檔給你。

所以大家只需要點擊 Download 按鈕，就可以下載你的晶片所對應的 IntelliJ 程式了（或是也可以點擊右邊的 .dmg，手動選擇你想下載哪一種晶片的程式）。

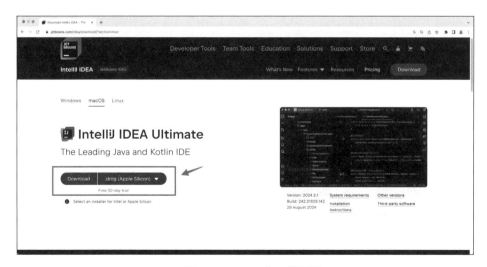

▲ 圖 2-1　IntelliJ 的下載頁面

下載好之後，開啟 .dmg 檔案，並且將 IntelliJ IDEA Ultimate 的程式拉到「應用程式」的資料夾裡面，就可以完成 IntelliJ 的安裝了。

有關 IntelliJ 的用法，會在後續的章節中繼續介紹，所以這裡只要先安裝成功就可以了。

2.3 安裝 Java 21

2.3.1 下載 Java 21

在開發 Spring Boot 程式時，首先我們必須要先安裝對應的 Java 版本，後續才能夠成功的運行起 Spring Boot 程式。目前市面上有非常多公司都有提供 Java 版本的下載，大家可以自由選擇自己喜歡的版本下載。

在本書中，我們會下載由 Eclipse Adoptium 所維護的開源免費 Java 版本（即是 OpenJDK），大家可以輸入下方的連結，或是在 Google 上搜尋「eclipse openjdk」，就可以進到 Adoptium OpenJDK 的下載頁面。

> **Adoptium OpenJDK 的下載連結：**
>
> https://adoptium.net/temurin/releases/

進到 Adoptium OpenJDK 的下載頁面之後，下方可以選擇你的作業系統以及想要安裝的 Java 版本，因為本章節是 Mac 系統的安裝教學，所以我們就在 Operating System 中選擇「macOS」，並且在 Version 中選擇「21 – LTS」，這時網站就會列出相關的載點，提供給你下載。

▲ 圖 2-2　Adoptium OpenJDK 的下載頁面

補充

Adoptium OpenJDK 提供了非常多種 Java 版本給大家下載，如果之後有需要安裝其他版本的 Java，也可以到這個網站中下載。

選擇好系統和 Java 版本之後，這時候在下方會出現多個載點，這裡就需要根據你自己的 Mac 晶片，去選擇對應的載點。

如果你的 Mac 是 Apple 的 M1、M2……等晶片，那就是點擊上方的 aarch64 的載點；如果你的 Mac 是 Intel 晶片，則是點擊下方的 x64 的載點，這部分因為牽涉到比較底層的硬體環境，因此需要小心選擇。

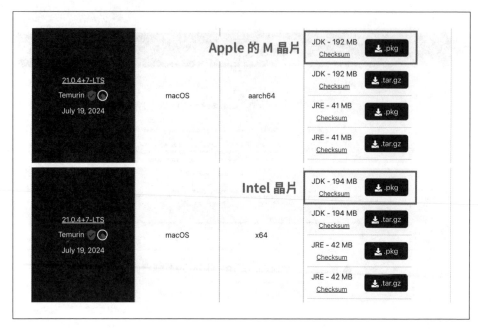

▲ 圖 2-3　OpenJDK 所提供的下載點

下載好之後，一樣是雙擊 .dmg 的下載檔，然後一路按「下一步」，就可以完成 Java 的安裝了。

2.4　安裝 MySQL 資料庫

2.4.1　下載 MySQL 資料庫

因為本書會使用 MySQL 資料庫來串接 Spring Boot，因此會需要大家先在自己的電腦上安裝 MySQL，以利後續的章節使用。

要安裝 MySQL 的話，可以輸入下方的連結，就可以直接進到 MySQL Community Server 的下載頁面。

> **MySQL Community Server 的下載連結：**
>
> https://dev.mysql.com/downloads/mysql/

進到 MySQL Community Server 的下載頁面之後，需要選擇我們想安裝的 MySQL 版本以及安裝的作業系統，因為本章節是 Mac 系統的安裝教學，所以我們在 Select Version 中選擇「8.0.39」，而 Select Operating System 中則選擇「macOS」，就可以篩選出 Mac 專用的下載點。

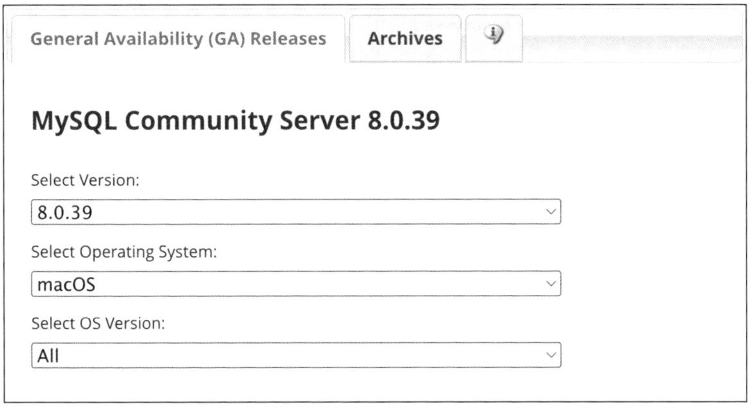

▲ 圖 2-4　選擇要安裝的 MySQL 版本

篩選出 MySQL 的版本之後，接著在下方的載點中，一樣是需要根據你的 Mac 晶片，選擇對應的下載點。

如果你的 Mac 是 Apple 的 M1、M2……等晶片，那就是點擊上方的 aarch64 的載點；如果你的 Mac 是 Intel 晶片，則是點擊下方的 x64 的載點，這裡就必須要小心選擇，以免下載到錯誤版本。

▲ 圖 2-5　MySQL 所提供的下載點

在確定好晶片的版本之後，就可以點擊對應的下載按鈕，進行 MySQL 的下載。

不過在點擊下載的按鈕之後，此時 MySQL 會跳出一個頁面，詢問你要不要註冊新帳號，這時候可以不用管它，直接往下拉，然後點擊下方的「No thanks, just start my download.」，繼續 MySQL 的下載。

▲ 圖 2-6　MySQL 詢問是否要註冊帳號

下載好安裝檔之後，一樣是雙擊 .dmg 的下載檔，開始 MySQL 資料庫的安裝。

2.4.2　安裝 MySQL

執行 MySQL 的安裝程式之後，前面先一直點擊「繼續」和「同意」就好。不過安裝到一半時，MySQL 會跳出下面的視窗，要我們設定資料庫，注意這裡的設定非常重要，會影響到後續章節的操作。

在這個視窗中，MySQL 會詢問我們要使用哪一種密碼加密，這裡就選擇上面的「Use Strong Password Encryption」即可，選好之後接著點擊 Next 繼續。

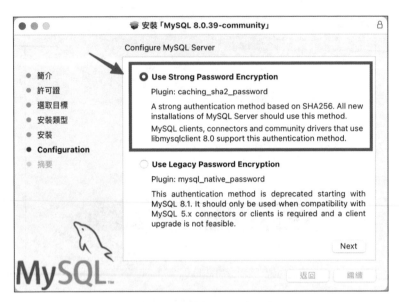

▲ 圖 2-7　安裝 MySQL 的設定一

接著 MySQL 會要你設定這個資料庫中，權力最大的 root user 的密碼，這裡
建議大家就直接輸入 `springboot` 這個字串當作密碼。

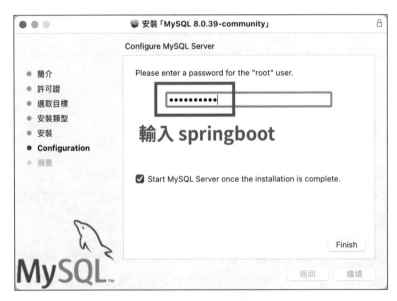

▲ 圖 2-8　安裝 MySQL 的設定二

補充

因為這個 `springboot` 密碼在後續的章節中會再度用到，忘記密碼的話，會需要重新安裝整個 MySQL 程式，還滿麻煩的。所以建議大家使用跟本書一樣的密碼 `springboot`，就可以避免後續不小心忘記密碼的情形出現了。

設定好之後，按下右下角的 Finish，就可以完成 MySQL 的安裝了。

安裝好 MySQL 之後，如果大家想要查看 MySQL 目前運作狀況的話，可以打開 Mac 的「系統偏好設定」，這時候在左邊側邊欄的下方，就會出現 MySQL 的標籤，點擊 MySQL 的標籤之後，就可以在這裡查看 MySQL 的運作狀況了。

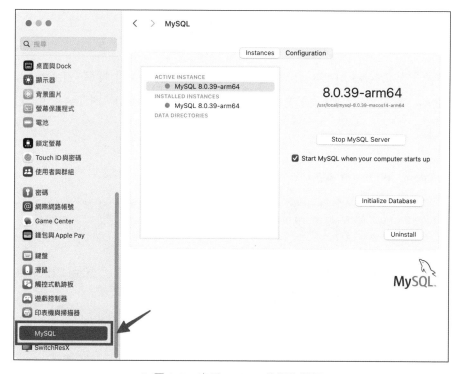

▲ 圖 2-9 查看 MySQL 的運作狀況

2.5 安裝 Chrome 擴充功能 - Talend API Tester

2.5.1 下載 Chrome 擴充功能 - Talend API Tester

由於在後續的章節中，我們會使用 Talend API Tester 這個擴充功能，去 call 後端程式的 API，測試我們所寫的程式是否能正常運作，所以在這裡，也會需要大家先去安裝這個擴充功能。

> **補充**
>
> 如果你已經有用得順手的 API call 軟體，像是 Postman、Insomnia……
> 等等，就不一定要安裝此擴充功能，因為它們的目的都只是發起一個
> API call 而已，哪個順手使用哪個就可以了。

如果要安裝 Talend API Tester 的話，可以直接在 Google 上搜尋「Talend API Tester」，或是也可以輸入下方的連結，就可以進到 Talend API Tester 的安裝頁面。

> **Talend API Tester 擴充功能的安裝連結：**
>
> https://chrome.google.com/webstore/detail/talend-api-tester-free-ed/
> aejoelaoggembcahagimdiliamlcdmfm

進到 Talend API Tester 的安裝頁面之後，接著點擊右側的「加到 Chrome」按鈕，就可以在 Chrome 中安裝這個擴充功能了。

▲ 圖 2-10　安裝 Talend API Tester

安裝完成之後，點擊右上角的圖示，就可以打開 Talend API Tester。

▲ 圖 2-11　點擊 Talend API Tester 圖示

打開 Talend API Tester 後，大家可以先點擊右下角的箭頭，把下方的視窗給收起來，而後續我們就會透過這個工具，去測試我們所實作的 Spring Boot 程式。

▲ 圖 2-12　收起 Talend API Tester 的下方視窗

2.6　安裝 iTerm2、oh-my-zsh、Homebrew

雖然在本書中不會使用到 iTerm2、oh-my-zsh、Homebrew 這些工具，但是因為這些工具非常的好用，可以說是 Mac 開發者必安裝的工具，因此在這裡也會一併介紹安裝。

2.6.1　安裝 iTerm2

iTerm2 是一個強大的「終端機（Terminal）」軟體，他的優點是介面比較好看，然後有很多地方可以做個人化的調整設定，像是主題背景顏色、或是透明度……等等。因此只要是 Mac 的開發者，都非常推薦安裝 iTerm2 這個軟體，使用 iTerm2 取代 Mac 內建的終端機。

而要安裝 iTerm2 的話，可以在 Google 中搜尋「iTerm2」，或是輸入下方的連結，就可以進到 iTerm2 的官方網站。

iTerm2 的官方網站：

https://iterm2.com/

進到 iTerm2 的網站之後，可以直接拉到最下面，在最下面有一個 Download 的按鈕，點擊這個按鈕，就可以下載 iTerm2 的安裝程式了。

▲ 圖 2-13　iTerm2 的下載頁面

下載好 iTerm2 之後，點擊兩下就可以直接打開 iTerm2 的程式。

如果想要調整 iTerm2 的主題顏色的話，可以先打開 iTerm2 的設定，然後點擊「Profiles」，接著就可以在「Colors」標籤底下調整主題的顏色。

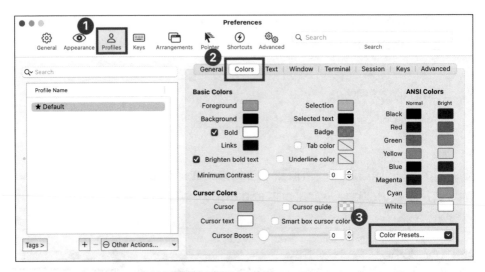

▲ 圖 2-14　iTerm2 的個人化設定一

而如果想要調整 iTerm2 的視窗透明度的話，則是可以進到「Profiles」中的「Window」標籤，在這裡面進行調整。

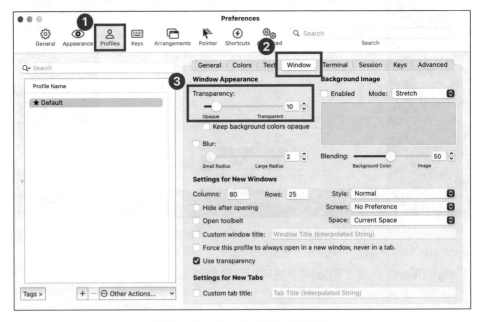

▲ 圖 2-15　iTerm2 的個人化設定二

2.6.2 安裝 oh-my-zsh

在安裝完 iTerm2 之後，只要提到下指令，那麼就會想到 oh-my-zsh 這個工具。

oh-my-zsh 也是一個 Mac 工程師推薦安裝的功能，它除了可以讓我們在下指令時變得更方便之外，同時也可以在終端機上呈現更多的資訊，所以也是非常增進開發效率的一個好用工具。

而要安裝 oh-my-zsh 的話，可以在 Google 中搜尋「oh-my-zsh」，或是輸入下方的連結，就可以進到 oh-my-zsh 的官方網站。

> **oh-my-zsh 的官方網站：**
>
> https://ohmyz.sh/

進到 oh-my-zsh 的網站之後，先點擊右側的「Install oh-my-zsh」按鈕，此時它就會自動跳轉到下面這行程式上。

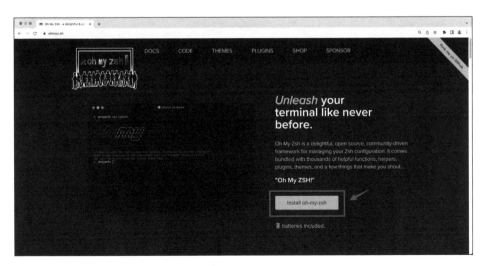

▲ 圖 2-16　oh-my-zsh 的下載頁面

▲ 圖 2-17　oh-my-zsh 的安裝指令

接著只要複製這一行程式，然後貼到 iTerm2 上，接著按下 Enter 鍵，就會開始進行安裝。

▲ 圖 2-18　在 iTerm2 中安裝 oh-my-zsh

安裝完成之後，這時候 iTerm2 上面會出現一個大大的「Oh My Zsh」，只要看到這個 Logo，就表示 oh-my-zsh 也安裝完成了。

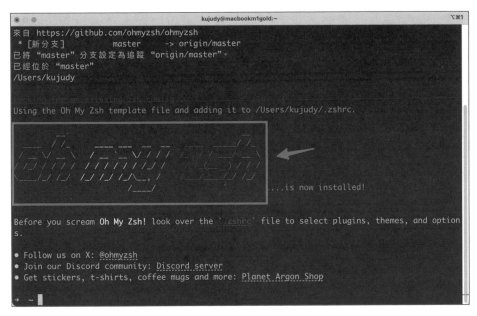

▲ 圖 2-19　成功安裝 oh-my-zsh 的輸出結果

2.6.3　安裝 Homebrew

安裝完 iTerm2 和 oh-my-zsh 之後，接下來要安裝的是 Homebrew，它也是 Mac 開發中一個很好用的工具。

Homebrew 是一個套件管理系統，大家可以把 Homebrew 想像成是一個集中管理處的感覺，不論你今天想安裝的是什麼套件（ex：Git、Python……等等），都可以來 Homebrew 找找看，熱門的套件通常都可以透過 Homebrew 安裝。

而要安裝 Homebrew 的話，可以在 Google 中搜尋「homebrew」，或是輸入下方的連結，就可以進到 Homebrew 的官方網站。

Homebrew 的官方網站：

https://brew.sh/

進到 Homebrew 的網站之後，可以稍微往下拉一點，然後複製「Install Homebrew」下面的這一行程式。

▲ 圖 2-20　Homebrew 的下載頁面

接著將這行程式貼到 iTerm2 上，然後按下 Enter 鍵，就可以開始安裝 Homebrew 了。

▲ 圖 2-21　在 iTerm2 中安裝 Homebrew 的步驟一

不過這時候，當你按下 Enter 鍵時，可能會發現「程式怎麼卡住了？」，這時候安裝程式會停在「Password」這一行，表示要我們輸入密碼才可以繼續往下運行。

▲ 圖 2-22　在 iTerm2 中安裝 Homebrew 的步驟二

所以這時候，大家可以直接對著鍵盤輸入你的 Mac 密碼，輸入完成之後再按下 Enter 鍵，就可以繼續往下運行程式了。

補充

在這裡輸入密碼的過程中，是不會有任何星號出現的，所以大家可以直接盲打你的密碼，輸入完成之後，再按下 Enter 鍵就可以了。

輸入完密碼並且按下 Enter 鍵之後，這時候 iTerm2 會出現「Press RETURN to continue」的訊息，此時就只要再按一下 Enter 鍵，就可以繼續執行安裝程式了。

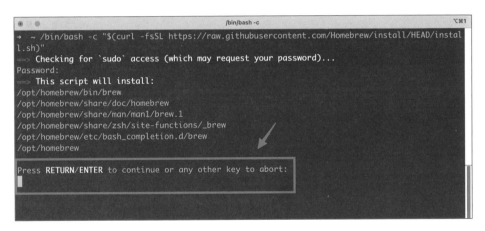

▲ 圖 2-23　在 iTerm2 中安裝 Homebrew 的步驟三

最後當大家看到「Installation successful」的訊息出現的時候，就表示Homebrew 也安裝完成了。

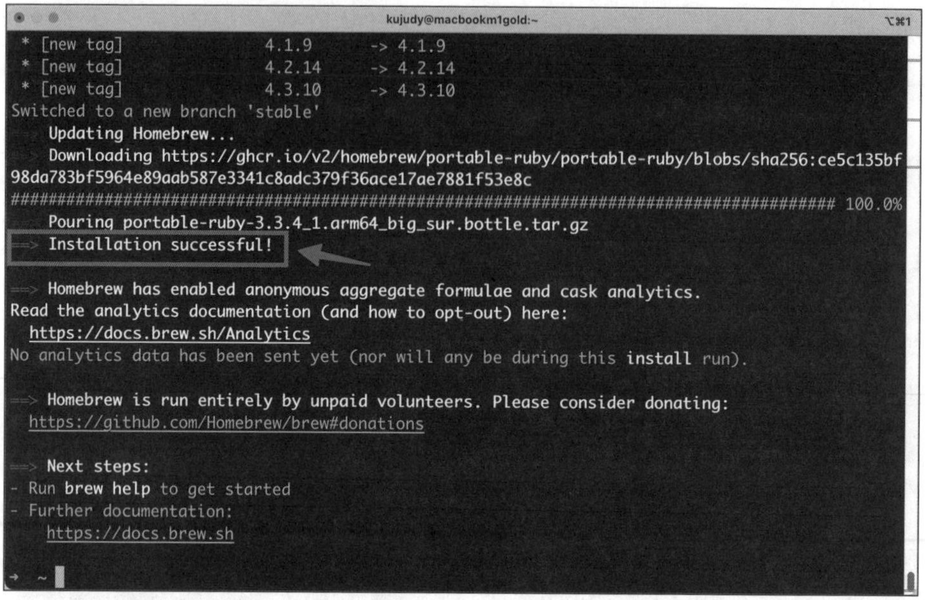

▲ 圖 2-24　成功安裝 Homebrew 的輸出結果

2.7　安裝 Git

安裝完前面所有的工具之後，最後一個我們要安裝的工具是 Git。Git 是在開發程式的過程中，幫助我們進行版本管理的工具，所以 Git 對於軟體工程師而言，也是一個非常重要的技能。

而在大家完成了上述的安裝之後，我們現在其實可以透過「下指令」的方式，使用 Homebrew 去安裝 Git 這個工具的。

所以要安裝 Git 的話，就只要打開 iTerm2，然後輸入以下的程式，接著按下 Enter 鍵。

```
brew install git
```

這樣子就可以完成 Git 的安裝了！

```
kujudy@macbookm1gold:~                                              ⌥⌘1
    Pouring pcre2--10.44.arm64_sonoma.bottle.tar.gz
 🍺 /opt/homebrew/Cellar/pcre2/10.44: 237 files, 6.3MB
==> Installing git
    Pouring git--2.46.0.arm64_sonoma.bottle.tar.gz
    Caveats
The Tcl/Tk GUIs (e.g. gitk, git-gui) are now in the `git-gui` formula.
Subversion interoperability (git-svn) is now in the `git-svn` formula.

zsh completions and functions have been installed to:
  /opt/homebrew/share/zsh/site-functions
    Summary
 🍺 /opt/homebrew/Cellar/git/2.46.0: 1,678 files, 51.5MB
    Running `brew cleanup git`...
Disable this behaviour by setting HOMEBREW_NO_INSTALL_CLEANUP.
Hide these hints with HOMEBREW_NO_ENV_HINTS (see `man brew`).
==> Caveats
    git
The Tcl/Tk GUIs (e.g. gitk, git-gui) are now in the `git-gui` formula.
Subversion interoperability (git-svn) is now in the `git-svn` formula.

zsh completions and functions have been installed to:
  /opt/homebrew/share/zsh/site-functions
→ ~
```

▲ 圖 2-25　成功安裝 Git 的輸出結果

2.8　章節總結

這個章節我們先安裝了 Mac 系統中的所有開發工具，所以在後續的章節中，我們就可以直接透過這些工具來開發 Spring Boot 了，讚！

那麼下一個章節，我們則會接著來介紹，要如何在 Windows 系統中也去安裝 Spring Boot 的開發工具，那我們就下一個章節見啦！

> **補充**
>
> Mac 的使用者可以直接跳到第 4 章繼續查看 Spring Boot 的介紹。

Note

CHAPTER

03

開發環境安裝
（Windows 版）

在上一個章節中，我們有先介紹要如何在 Mac 系統中，安裝本書會用到的所有開發工具，而這個章節，我們就接著來介紹一下，要如何在 Windows 系統中安裝本書的開發工具。

如果你是 Mac 系統的使用者，可以略過這個章節，直接前往下一個章節繼續閱讀。

3.1 本書中會使用到的開發工具

本書會使用到的開發工具有：

- IntelliJ IDEA Ultimate 付費版（有 30 天試用期）
- Java 21
- MySQL 資料庫
- Chrome 擴充功能—Talend API Tester

另外，雖然本書中不會使用到 Git，但是因為 Git 可以説是工程師必安裝的程式，因此在這裡也會一併介紹安裝。

■ Git

所以接下來，我們就一起來把這些開發工具給安裝完畢，為將來的 Spring Boot 之旅架設好開發環境吧！

3.2 安裝 IntelliJ IDEA Ultimate 付費版

IntelliJ IDEA 這套軟體是目前開發 Spring Boot 的熱門軟體之一，分為 Community（社群版）以及 Ultimate（付費版）兩個版本。

Community（社群版）對 Spring Boot 的支援比較少，許多功能都必須要額外安裝 plugin 才能使用，而 Ultimate（付費版）則是對 Spring Boot 的支援比較全面，但是就需要付費使用。

不過因為 Ultimate（付費版）有 30 天免費試用期，因此如果是初學的話，建議可以先使用 Ultimate（付費版）的試用期來學習 Spring Boot，等到摸得比較熟之後，再換成 Community（社群版），這樣子在學習上，才不會一開始就被環境問題搞得心力交瘁。

補充

如果大家有學生教育信箱，也可以到 JetBrains 的網站申請教育帳號（https://www.jetbrains.com/shop/eform/students），就 能 免 費 使 用 Ultimate 付費版一年（具體細節以 JetBrains 官網為準）。

3.2.1 下載 IntelliJ IDEA Ultimate 付費版

想要下載 IntelliJ IDEA Ultimate 的話，可以在 Google 上搜尋「IntelliJ」，也可以輸入下方的連結，就可以進到 IntelliJ 的下載頁面。

> IntelliJ 的下載連結：
>
> https://www.jetbrains.com/idea/download/

進到 IntelliJ 的下載頁面之後，IntelliJ 官網會自動偵測你的電腦系統，提供 Windows 的下載點給你，所以大家只需要點擊 Download 按鈕下載即可。

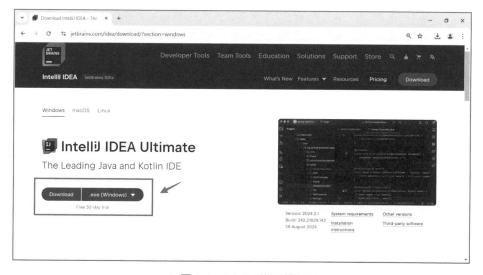

▲ 圖 3-1　IntelliJ 的下載頁面

下載好之後，點擊兩下執行安裝檔，並且先一路按下 Next 繼續。直到當 IntelliJ 呈現下面這個視窗時，建議勾選左上角的「Create Desktop Shortcut」，這樣安裝程式就會在桌面建立一個 IntelliJ 的捷徑，方便大家日後執行 IntelliJ 的程式。

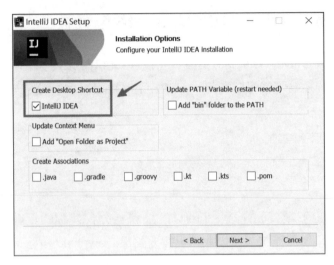

▲ 圖 3-2　安裝 IntelliJ 的設定

設定好之後，接著後面一路繼續點擊 Next，這樣子就可以完成 IntelliJ 的安裝了。

有關 IntelliJ 的用法，會在後續的章節中繼續介紹，所以這裡只要先安裝成功就可以了。

3.3　安裝 Java 21

3.3.1　下載 Java 21

在開發 Spring Boot 程式時，首先我們必須要先安裝對應的 Java 版本，後續才能夠成功的運行起 Spring Boot 程式。目前市面上有非常多公司都有提供 Java 版本的下載，大家可以自由選擇自己喜歡的版本下載。

在本書中，我們會下載由 Eclipse Adoptium 所維護的開源免費 Java 版本（即是 OpenJDK），大家可以輸入下方的連結，或是在 Google 上搜尋「eclipse openjdk」，就可以進到 Adoptium OpenJDK 的下載頁面。

> **Adoptium OpenJDK 的下載連結：**
>
> https://adoptium.net/temurin/releases/

進到 Adoptium OpenJDK 的下載頁面之後，下方可以選擇你的作業系統、以及想要安裝的 Java 版本，因為本章是 Windows 系統的安裝教學，所以我們就在 Operating System 中選擇「Windows」，並且在 Version 中選擇「21 – LTS」，這時網站就會列出相關的載點，提供給你下載。

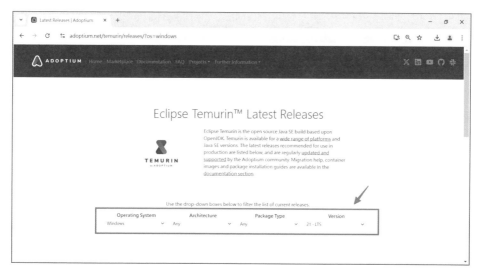

▲ 圖 3-3　Adoptium OpenJDK 的下載頁面

> **補充**
>
> Adoptium OpenJDK 提供了非常多種 Java 版本給大家下載，如果之後有需要安裝其他版本的 Java，也可以到這個網站中下載。

選擇好系統和 Java 版本之後，這時候在下方會出現多個載點，這裡就直接
點擊最上面的載點下載即可。

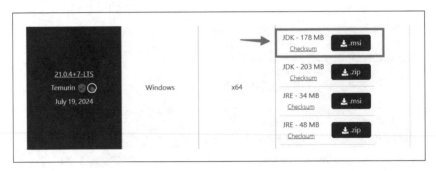

▲ 圖 3-4　OpenJDK 所提供的下載點

下載好之後，一樣點擊兩下執行安裝檔，接著在安裝過程中會出現下面這
個視窗。這時建議在「Set JAVA_HOME variable」前面的「X」點擊一下左
鍵，然後選擇「將安裝在本機硬碟上」。

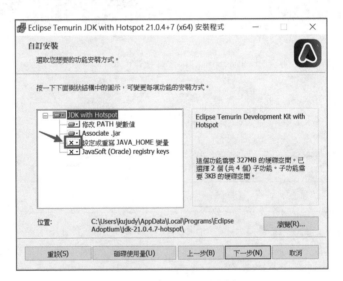

▲ 圖 3-5　安裝 Java 的設定一

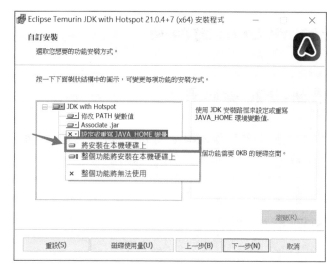

▲ 圖 3-6　安裝 Java 的設定二

這樣子就可以在安裝 Java 版本的過程中，同步設定 JAVA_HOME 的環境變數，所以將來如果有需要透過 cmd 的指令執行 Java 的話，就可以直接使用了！

設定好之後，接著後面一樣是一直點擊下一步，就可以完成 Java 的安裝了。

> **補充**
>
> 不了解什麼是 JAVA_HOME 環境變數也沒關係，就直接照著上面的建議進行設定就好，反正 JAVA_HOME 就只是我們在安裝 Java 的過程中，順手一起設定好一個變數，在後續的章節中並不會使用到這個部分。

3.4　安裝 MySQL 資料庫

3.4.1　下載 MySQL 資料庫

因為本書會使用 MySQL 資料庫來串接 Spring Boot，因此會需要大家先在自己的電腦上安裝 MySQL，以利後續的章節使用。

要安裝 MySQL 的話，可以輸入下方的連結，就可以直接進到 MySQL Community Server 的下載頁面。

> **MySQL Community Server 的下載連結：**
>
> https://dev.mysql.com/downloads/mysql/

進到 MySQL Community Server 的下載頁面之後，需要選擇我們想安裝的 MySQL 版本以及安裝的作業系統，因為本章是 Windows 系統的安裝教學，所以我們在 Select Version 中選擇「8.0.39」，而 Select Operating System 中則選擇「Microsoft Windows」，就可以篩選出 Windows 專用的下載載點。

▲ 圖 3-7　選擇要安裝的 MySQL 版本

篩選出 MySQL 的版本之後，下方一樣是有多個載點可以選擇，這時我們先點擊上方的「MySQL Installer」。

▲ 圖 3-8　MySQL 所提供的下載點一

並且在跳轉到下一個頁面之後，再點擊上方的 Download 按鈕，去下載 MySQL 資料庫的安裝程式下來。

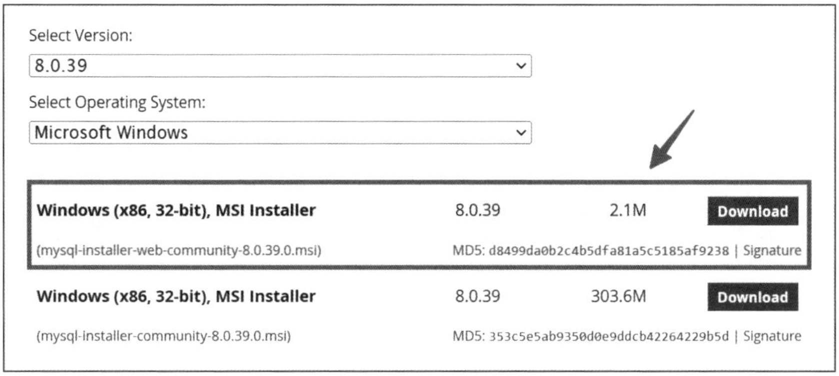

▲ 圖 3-9　MySQL 所提供的下載點二

不過在點擊下載的按鈕之後，此時 MySQL 會跳出一個頁面，詢問你要不要註冊新帳號，這時候可以不用管它，直接往下拉，然後點擊下方的「No thanks, just start my download.」，繼續 MySQL 的下載。

▲ 圖 3-10　MySQL 詢問是否要註冊帳號

下載好安裝檔之後，一樣是點擊兩下執行安裝檔，開始 MySQL 資料庫的安裝。

3.4.2 安裝 MySQL

執行 MySQL 的安裝程式之後，首先 MySQL 會跳出下面的視窗，要我們進行設定。這裡我們就改成勾選第一個「Server only」，這樣就只會安裝 MySQL 資料庫，而不會安裝其他額外的軟體。

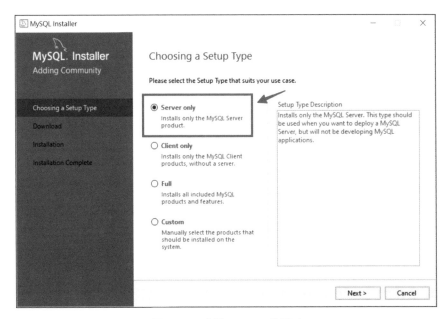

▲ 圖 3-11　安裝 MySQL 的設定一

接著幾個視窗，都是直接按下 Next 繼續，直到出現下面這個視窗時，要開始特別注意一下。這個視窗是 MySQL 詢問我們要使用哪一種密碼加密，這裡就選擇上面的「Use Strong Password Encryption for Authentication (RECOMMENDED)」，然後點擊 Next 繼續。

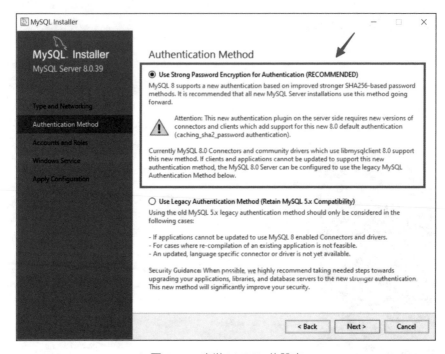

▲ 圖 3-12　安裝 MySQL 的設定二

接著 MySQL 會要你設定這個資料庫中，權力最大的 root user 的密碼，這裡
建議大家輸入 `springboot` 這個字串當作密碼。

▲ 圖 3-13　安裝 MySQL 的設定三

> **補充**
>
> 因為這個 `springboot` 密碼在後續的章節中會再度用到，並且如果忘記密碼的話，會需要重新安裝整個 MySQL 程式，還滿麻煩的。所以建議大家使用跟本書一樣的密碼 `springboot`，就可以避免後續不小心忘記密碼的情形出現了。

設定好之後，就可以按下右下角的 Finish，就可以完成 MySQL 的安裝了。

3.5 安裝 Chrome 擴充功能 - Talend API Tester

3.5.1 下載 Chrome 擴充功能 - Talend API Tester

由於在後續的章節中，我們會使用 Talend API Tester 這個擴充功能，去 call 後端程式的 API，測試我們所寫的程式是否能正常運作，所以在這裡，也會需要先去安裝這個擴充功能。

> **補充**
>
> 如果你已經有用的順手的 API call 軟體，像是 Postman、Insomnia……等等，就不一定要安裝此擴充功能，因為它們的目的都只是發起一個 API call 而已，哪個順手使用哪個就可以了。

如果要安裝 Talend API Tester 的話，可以直接在 Google 上搜尋「Talend API Tester」，或是也可以輸入下方的連結，就可以進到 Talend API Tester 的安裝頁面。

Talend API Tester 擴充功能的安裝連結：

https://chrome.google.com/webstore/detail/talend-api-tester-free-ed/
aejoelaoggembcahagimdiliamlcdmfm

進到 Talend API Tester 的安裝頁面之後，接著點擊右側的「加到 Chrome」按鈕，就可以在 Chrome 中安裝這個擴充功能了。

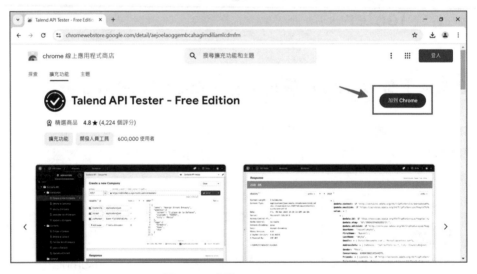

▲ 圖 3-14　安裝 Talend API Tester

安裝完成之後，點擊右上角的圖示，就可以打開 Talend API Tester。

▲ 圖 3-15　點擊 Talend API Tester 圖示

打開 Talend API Tester 後，大家可以先點擊右下角的箭頭，把下方的視窗給收起來，後續我們就會透過這個工具，去測試我們所實作的 Spring Boot 程式。

▲ 圖 3-16　收起 Talend API Tester 的下方視窗

3.6 安裝 Git

3.6.1 下載 Git

安裝完前面所有的工具之後，最後一個要安裝的工具是 Git。Git 是在開發程式的過程中，幫助我們進行版本管理的工具，所以 Git 對於軟體工程師而言，也是一個非常重要的技能。

要安裝 Git 的話，可以輸入下方的連結，或是在 Google 上搜尋「Git」，就可以進到 Git 的官方網站。

> Git 的官方網站：
>
> https://git-scm.com/

進到 Git 的網站之後，接著點擊右方的 Download 按鈕，就可以下載 Git 的安裝檔。

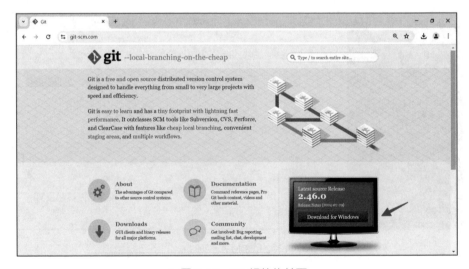

▲ 圖 3-17　Git 網站的首頁

▲ 圖 3-18　Git 的下載頁面

下載好之後，一樣點擊兩下執行安裝檔，開始 Git 的安裝。

在安裝過程中，先按下幾個 Next 繼續之後，當 Git 呈現下面這個視窗時，建議可以勾選左上角的「Additional icons」，這樣安裝程式就會在桌面建立一個 Git Bash 的捷徑，方便大家日後使用。

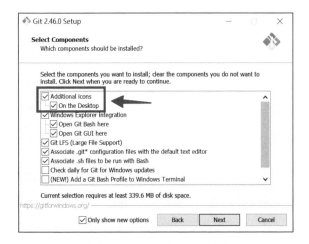

▲ 圖 3-19　安裝 Git 的設定

設定好之後，接著就是一直按下 Next 繼續，就可以完成 Git 的安裝了！

3.7 章節總結

這個章節我們也安裝好了 Windows 系統中的所有開發工具，所以在後續的章節中，我們就可以直接透過這些工具來開發 Spring Boot 了，讚！

經過這兩個章節的介紹，我們就在 Mac 和 Windows 上安裝好開發環境了，所以從下一個章節開始，我們就可以正式進入到 Spring Boot 的介紹，那我們就下一個章節見啦！

第一個 Spring Boot 程式

在前兩個章節中,我們有分別去介紹如何在 Mac 和 Windows 中架設 Spring Boot 的開發環境。

所以這個章節,我們就可以來使用前面所安裝的工具,建立你的第一個 Spring Boot 程式了!

4.1 啟用 IntelliJ IDEA Ultimate

創建 Spring Boot 程式的第一步,就是要先啟用 IntelliJ IDEA Ultimate 的試用期。所以大家可以先開啟 IntelliJ 的程式,這時候 IntelliJ 就會跳出下面這個視窗,要你去登入帳號,並且確認這個帳號是否已經啟用 IntelliJ 的付費版本。

▲ 圖 4-1　IntelliJ IDEA Ultimate 的啟動畫面

如果要啟用 30 天的免費試用的話，只需要點擊右上角的「Start trial」，然後點擊下方的「Start Trial」按鈕，這樣子就可以取得 30 天的免費試用期了。

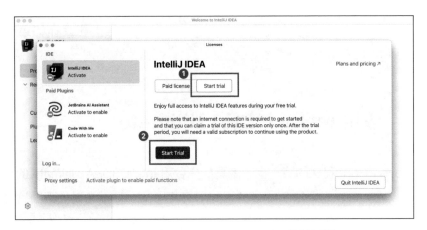

▲ 圖 4-2　啟用 IntelliJ IDEA Ultimate 的試用期

補充

點擊 Start Trial 的按鈕之後，瀏覽器會跳出一個 IntelliJ 的頁面，詢問你要不要訂閱電子報，這部分可訂閱可不訂閱，不過不管有沒有訂閱，只要直接回到 IntelliJ 程式，都是可以成功啟用 30 天試用期的。

4.2　創建第一個 Spring Boot 程式

4.2.1 建立專案、Project 設定

啟用 30 天試用期成功之後，我們就可以開始來創建你的第一個 Spring Boot 程式了！只要點擊 IntelliJ 中間的「New Project」，就可以去創建一個新的 Spring Boot 程式出來。

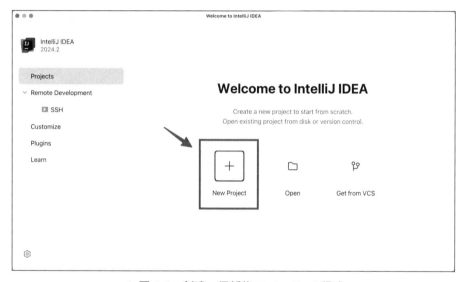

▲ 圖 4-3　創建一個新的 Spring Boot 程式

接著 IntelliJ 就會跳出下面這個視窗，要我們進行 Project 的設定。這裡先點擊左邊側邊欄的「Spring Boot」，表示我們要創建的是 Spring Boot 的程式，接著右邊就是跟著下圖一樣，選擇一樣的設定即可。

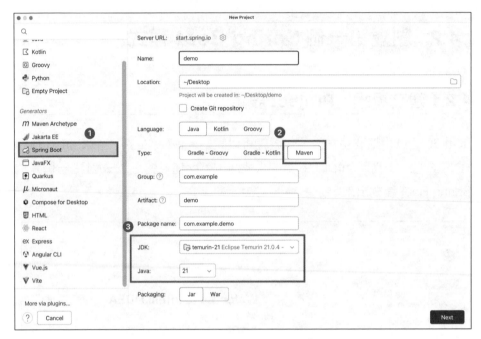

▲ 圖 4-4　設定 Project 的參數

設定好右邊的 Project 設定之後，我們也可以回頭來看一下，右邊這些值分別代表什麼意思：

- **Name**：這個 Spring Boot 程式的資料夾名字。
- **Location**：這個 Spring Boot 程式預計創建出來的位置，預設是放在桌面上。
- **Language**：使用哪種語言來開發 Spring Boot 程式，預設是 Java。
- **Type**：選擇要使用哪種工具來構建 Spring Boot 程式，這部分比較複雜，因此先照著選 Maven 即可。
- **Group**、**Artifact**、**Package name**：這些值和上面的 Maven 有關，一樣是比較複雜所以可以先跳過不理它。
- **JDK**、**Java**：選擇想要使用的 Java 版本。
- **Packaging**：打包 Spring Boot 的方式，預設是 Jar，這部分一樣是比較複雜（牽涉到 Tomcat），所以也是可以先跳過不理它。

而當大家設定好右邊的參數設定之後，就可以按下 Next 繼續。

4.2.2 選擇要載入的 **Spring Boot** 功能

進到下一個視窗之後，就可以在這裡選擇想要使用的 Spring Boot 的版本，
以及想要載入哪些功能進來。

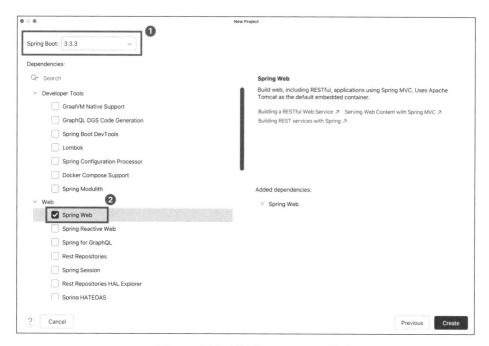

▲ 圖 4-5　添加功能到 Spring Boot 程式

像是在上圖的左上方紅框處，就可以去選擇 Spring Boot 的版本，這裡大家
可以直接使用預設的最新版即可，不用特別去做調整。

而在下方的部分，則是可以去選擇要載入哪些功能到這個 Spring Boot 程式
裡面，這裡我們先展開 Web，然後勾選裡面的「Spring Web」即可。

勾選完成之後，就可以點擊右下角的 Create，完成 Spring Boot 程式的創建。

4.3 IntelliJ 的操作介面

創建好 Spring Boot 程式後，IntelliJ 就會開啟一個視窗，根據我們剛剛的設定，去創建這個 Spring Boot 程式出來。

這時候右下角的進度條會開始跑，第一次創建會需要比較長的時間，並且需要確保網路的暢通（會下載許多 Spring Boot 的 library 下來），等到右下角的進度條跑完之後，就創建好 Spring Boot 程式了（約需要 3-5 分鐘左右）。

而在 Spring Boot 程式創建的過程中，大家也可以先熟悉一下 IntelliJ 的軟體介面，像是在 IntelliJ 的介面中：

- 左側的部分是側邊欄，呈現了這個 demo 資料夾中的所有程式。
- 右側則是程式的編輯區，只要在左側側邊欄對著檔案點擊兩下，就可以將程式開啟到右邊的編輯區，開始編輯這份程式。

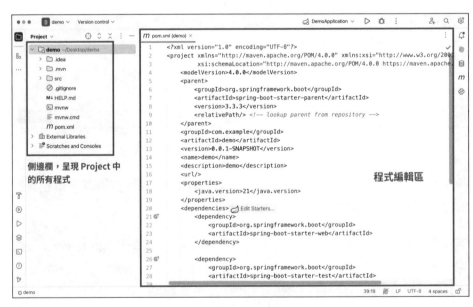

▲ 圖 4-6　IntelliJ 的軟體介面

> **補充**
>
> IntelliJ 的編輯區是會自動存檔的,因此大家不用擔心寫程式寫到一半沒
> 存檔怎麼辦,揪甘心!

另外也補充一下,因為 IntelliJ 預設的字體還滿小的,所以建議大家可以調大
程式編輯區的字體,保護眼睛從你我做起。

只要點擊右上方的齒輪,然後點擊「Settings」,就可以叫出偏好設定。

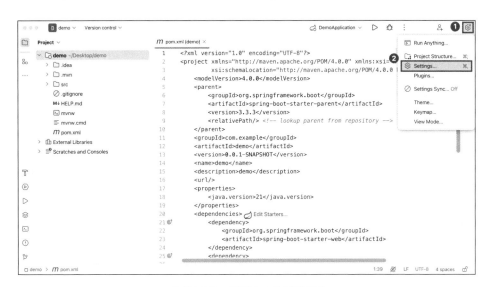

▲ 圖 4-7　開啟 IntelliJ 的設定

接著在設定裡面,再點擊 Editor 中的 Font,就可以在右側設定編輯區的字型
以及字體大小了!

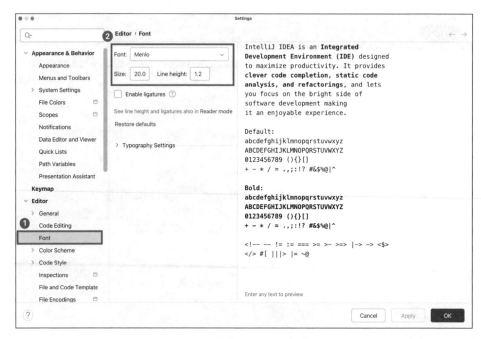

▲ 圖 4-8　調整 IntelliJ 的字體大小

4.4　實作第一個 Spring Boot 程式

設定好 IntelliJ 的字體偏好設定，並且確認右下角的進度條跑完之後，我們終於可以開始來實作我們的第一個 Spring Boot 程式了！

首先我們先展開左側的資料夾，這時候可以看到，在 src/main/java/com.example.demo 底下，有一個 DemoApplication.class 的檔案，點擊兩下開啟這個檔案之後，在右側就可以看到它的內容。

而在這個 DemoApplication 的程式裡面，其中最重要的，就是第 6 行的 `@SpringBootApplication` 程式。

```
DemoApplication.java ×
1      package com.example.demo;
2
3    > import ...        annotation，中文又稱為「標註」或是「註解」
5
6 ⊘  @SpringBootApplication
7 ▷  public class DemoApplication {
8
9 ▷      public static void main(String[] args) {
10          SpringApplication.run(DemoApplication.class, args);
11      }
12
13  }
14
```

▲ 圖 4-9　DemoApplication 的程式實作一

第一次接觸 Spring Boot 的大家，可能會覺得第 6 行這種前面帶有小老鼠 @ 的程式很奇怪，不過這種前面帶有小老鼠的寫法，在 Java 裡面稱作「annotation」，中文是翻譯為「標註」或是「註解」。

補充

一般在口語上，會稱呼這種前面帶有小老鼠的程式為「annotation」，不過由於版面因素，後續都會使用「註解」來稱呼。

第 6 行程式的這種寫法，在一般的 Java 程式中比較少看到，不過在 Spring Boot 裡面卻非常常見，所以在後續的章節中，我們也會介紹在 Spring Boog 中，好用的 annotation（註解）有哪些。

如果你是第一次接觸「註解」的話，建議可以先把「註解」想像成是賦予一個新的功能，不同的註解所提供的功能不一樣，而且它們的使用方法也會不太一樣。

所以像是第 6 行這個 `@SpringBootApplication`，它的用法是要加在 class 上面，而它的用途則是表示這一個 DemoApplication.class，是這個 Spring Boot 程式的啟動入口。

也因為我們有在第 6 行加上 `@SpringBootApplication`，所以在第 7 行的左邊，才會出現一個播放鍵的符號，讓我們可以直接點擊這個播放鍵，去運行這個 Spring Boot 程式。

```java
package com.example.demo;

import ...

@SpringBootApplication
public class DemoApplication {

    public static void main(String[] args) {
        SpringApplication.run(DemoApplication.class, args);
    }

}
```

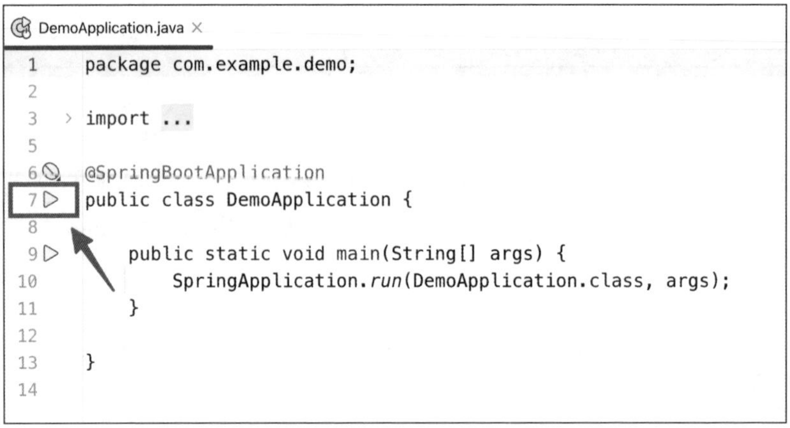

▲ 圖 4-10　DemoApplication 的程式實作二

所以到這邊為止，我們就大致了解了 `@SpringBootApplication` 的用途（就是將該 class 變成 Spring Boot 程式的啟動入口），以及如何在 IntelliJ 中運行 Spring Boot 程式了，不過在我們真正運行這個 Spring Boot 程式之前，可以先來添加一些 Java 程式在裡面。

4.4.1 添加 demo 程式

首先我們先在 com.example.demo 這個 package 上點擊右鍵，然後選擇 New，接著選擇 Java class，這樣就可以去創建一個 Java class 出來。

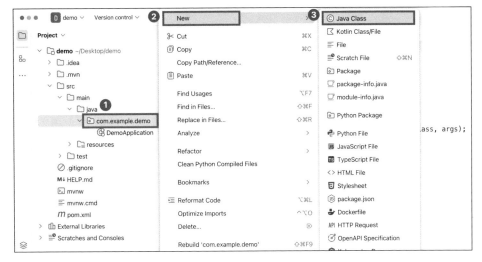

▲ 圖 4-11　添加 MyController class 的步驟

接著我們將這個 class 的名字，取名為 MyController。

```
New Java Class

ⓒ MyController

ⓒ Class

ⓘ Interface

ⓡ Record

ⓔ Enum

@ Annotation

⚡ Exception
```

▲ 圖 4-12　添加 MyController class

接著在這個 MyController 裡面，添加下列的程式（這裡看不懂程式沒關係，先全部照著寫就好）：

```
@RestController
public class MyController {
```

```
@RequestMapping("/test")
public String test() {
    System.out.println("Hi!");
    return "Hello World";
}
}
```

當大家添加完上面這段程式之後，在 IntelliJ 中的呈現效果，就會是下面這個樣子：

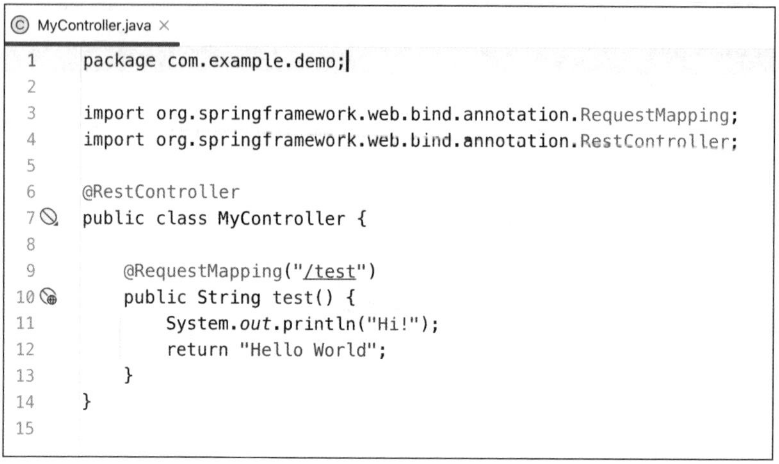

```
© MyController.java ×
1    package com.example.demo;
2
3    import org.springframework.web.bind.annotation.RequestMapping;
4    import org.springframework.web.bind.annotation.RestController;
5
6    @RestController
7    public class MyController {
8
9        @RequestMapping("/test")
10       public String test() {
11           System.out.println("Hi!");
12           return "Hello World";
13       }
14   }
15
```

▲ 圖 4-13 MyController 的程式實作

> **補充**
>
> 如果大家複製貼上這段程式時，發現 `@RestController` 和 `@RequestMapping` 沒有自動被 import 進來的話，建議可以改成一行一行手動輸入程式，IntelliJ 就會自動 import 相關的 library 進來了。

大家在寫完這段程式之後，不了解 `@RestController` 和 `@RequestMapping` 這兩個註解的意思是正常的，這兩個註解的用途，會在後面介紹到「Spring MVC」的章節時再做詳細的介紹，所以這裡就先照著寫就好。

4.4.2 運行 Spring Boot 程式

當寫好上述的 MyController 程式之後，我們就可以回到 DemoApplication. class 上，然後點擊第 7 行的播放鍵，去運行這個 Spring Boot 程式了！

所以大家只要使用左鍵，去點擊 DemoApplication 中第 7 行的播放鍵，然後選擇「Run DemoApplication」，就可以去運行這個 Spring Boot 程式了。

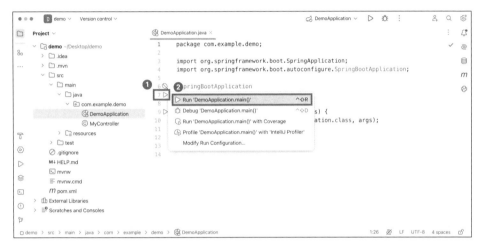

▲ 圖 4-14　運行 Spring Boot 程式

點擊運行之後，這時候下面就會出現一個 console 的視窗，而在這個 console 視窗的一開始，會出現一個 Spring 的 logo，接著後面就是實時呈現出 Spring Boot 程式的運行結果。

只要看到最後一行「Started DemoApplication in 0.695 seconds」出現的時候，就表示你的 Spring Boot 程式運行成功了！

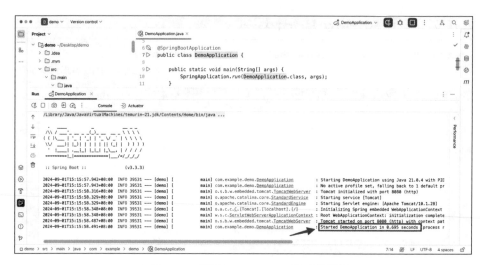

▲ 圖 4-15　運行 Spring Boot 程式的結果

而當 Spring Boot 程式運行成功之後，這時候就可以打開 Google 瀏覽器，然後在裡面輸入 http://localhost:8080/test，接著按下 Enter 鍵。

這時候如果頁面中有呈現「Hello World」字樣的話，就表示你的第一個 Spring Boot 程式成功運作起來了！可喜可賀！！！

▲ 圖 4-16　在瀏覽器上查看結果

4.4.3 所以，我們剛剛都做了什麼？

到這邊，我們可以回頭來看一下，我們剛剛都做了哪些事情，才能夠成功的在瀏覽器中看到「Hello World」字串。

首先,我們有先去新增了一個 MyController 的 class 出來,然後在裡面加上一個 `test()` 方法,讓他去回傳一個「Hello World」字串,同時也添加了兩個註解 `@RestController` 和 `@RequestMapping`。

```java
© MyController.java ×
1      package com.example.demo;
2
3      import org.springframework.web.bind.annotation.RequestMapping;
4      import org.springframework.web.bind.annotation.RestController;
5
6      @RestController
7      public class MyController {
8
9          @RequestMapping("/test")
10         public String test() {
11             System.out.println("Hi!");
12             return "Hello World";
13         }
14     }
15
```

▲ 圖 4-17　MyController 的程式實作

這段程式的運作邏輯是這樣子的:當我們在 Google 瀏覽器輸入 http://localhost:8080/test 時,實際上 Spring Boot 程式就會去執行 MyController 裡面的 `test()` 方法中的程式。

也因為 Spring Boot 會去執行 MyController 裡面的 `test()` 方法,所以這也是為什麼在 console 上,就會印出一行「Hi!」字串,並且這個 `test()` 方法的返回值「Hello World」字串,就會顯示在 Google 瀏覽器上面。

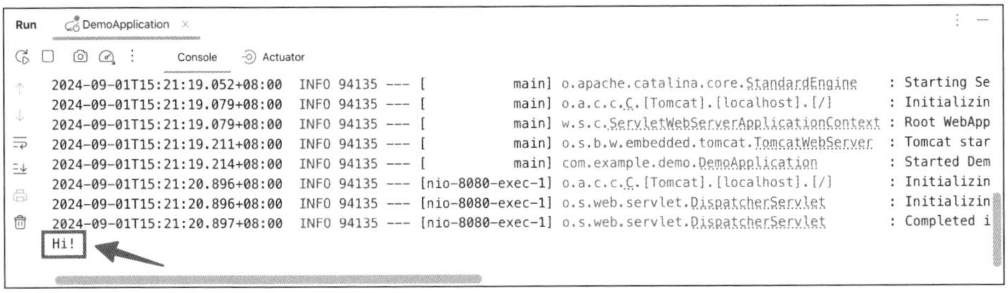

```
Run    DemoApplication ×                                                              ⋮  —
        □ ◎ ⌕ ⋮    Console   ⊙ Actuator
↑    2024-09-01T15:21:19.052+08:00  INFO 94135 --- [      main] o.apache.catalina.core.StandardEngine    : Starting Se
↓    2024-09-01T15:21:19.079+08:00  INFO 94135 --- [      main] o.a.c.c.C.[Tomcat].[localhost].[/]       : Initializin
⇥    2024-09-01T15:21:19.079+08:00  INFO 94135 --- [      main] w.s.c.ServletWebServerApplicationContext : Root WebApp
     2024-09-01T15:21:19.211+08:00  INFO 94135 --- [      main] o.s.b.w.embedded.tomcat.TomcatWebServer   : Tomcat star
⊒↓   2024-09-01T15:21:19.214+08:00  INFO 94135 --- [      main] com.example.demo.DemoApplication         : Started Dem
     2024-09-01T15:21:20.896+08:00  INFO 94135 --- [nio-8080-exec-1] o.a.c.c.C.[Tomcat].[localhost].[/]     : Initializin
     2024-09-01T15:21:20.896+08:00  INFO 94135 --- [nio-8080-exec-1] o.s.web.servlet.DispatcherServlet      : Initializin
🗑    2024-09-01T15:21:20.897+08:00  INFO 94135 --- [nio-8080-exec-1] o.s.web.servlet.DispatcherServlet      : Completed i
     Hi!
```

▲ 圖 4-18　Spring Boot 程式的 console 輸出

之所以能達到這個效果，就是多虧了 `@RestController` 和 `@RequestMapping` 這兩個註解的幫助。

不過到目前為止，大家還不用先太深入了解這兩個註解的用法，現在只要先知道：「當我們在 Google 中輸入 http://localhost:8080/test 時，Spring Boot 程式就會去執行 MyController 中的 `test()` 方法」，這樣子就可以了。

至於 `@RestController` 和 `@RequestMapping` 這兩個註解的實際用法，會在後續的「Spring MVC」章節中再做介紹。

補充

如果想快轉到 Spring MVC 的部分，也可以直接跳到「第 13 章～第 23 章」的介紹。

4.5　章節總結

所以到這個章節為止，大家就成功的創建出你的第一個 Spring Boot 程式了，恭喜恭喜！！

透過這個練習，也是想讓大家先感受一下，使用 Spring Boot 來寫後端程式真的是很方便，我們只需要寫不到 10 行的程式，就可以快速運行起一個後端程式了，所以使用 Spring Boot 開發的效率真的是超級無敵霹靂高！

那麼下一個章節，我們就會開始來介紹 Spring 框架中一個非常重要的特性，也就是 IoC，那我們就下一個章節見啦！

PART 2

Spring IoC 介紹

Spring IoC 簡介

在前面的章節中,我們有成功的使用 IntelliJ 這套軟體,去創建出了第一個 Spring Boot 程式,先對如何撰寫 Spring Boot 程式有了一個最基本的了解。

那麼從這個章節開始,我們就會開始來介紹 Spring 框架中一個非常重要的特性,也就是 IoC,那我們就開始吧!

5.1 什麼是 IoC ?

IoC 的全名是 Inversion of Control,中文翻譯成「控制反轉」,不過這個控制是控制什麼、反轉又是反轉什麼,我們可以直接透過一個印表機的例子來了解一下。

5.1.1 例子:印表機的故事

假設今天我們設計了一個印表機 Printer 的 interface,這個印表機裡面只有一個方法,就是 print() 方法印東西,程式如下:

```
public interface Printer {
    void print(String message);
}
```

而有了 interface 之後，我們就可以去寫一個 class 來實作這個 Printer interface，所以我們可以寫一個 HpPrinter 的 class，表示這是一個 HP 牌子的印表機，程式如下：

```
public class HpPrinter implements Printer {

    @Override
    public void print(String message) {
        System.out.println("HP印表機: " + message);
    }
}
```

並且我們也可以再寫一個 CanonPrinter 的 class，表示這是一個 Canon 牌子的印表機，程式如下：

```
public class CanonPrinter implements Printer {

    @Override
    public void print(String message) {
        System.out.println("Canon印表機: " + message);
    }
}
```

所以到目前為止，我們就有了兩個 class，一個是 HpPrinter、另一個則是 CanonPrinter，而這兩個印表機，就都會去 implements Printer 這個 interface，去實作裡面的 `print()` 方法。

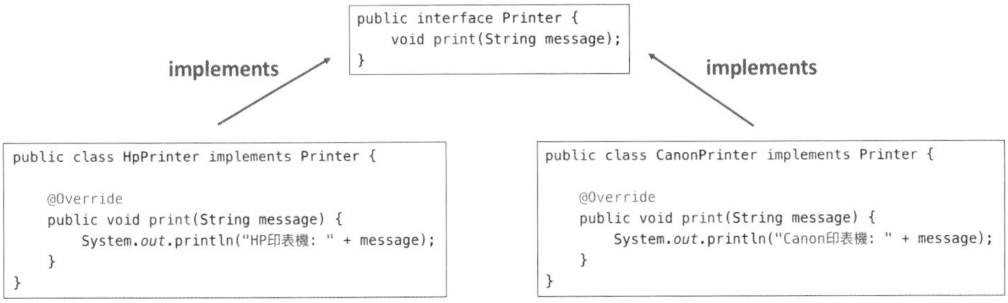

```
public interface Printer {
    void print(String message);
}
```

implements   implements

```
public class HpPrinter implements Printer {

    @Override
    public void print(String message) {
        System.out.println("HP印表機: " + message);
    }
}
```

```
public class CanonPrinter implements Printer {

    @Override
    public void print(String message) {
        System.out.println("Canon印表機: " + message);
    }
}
```

▲ 圖 5-1　Printer、HpPrinter 和 CanonPrinter 的結構圖

5.1.2 新增一個 Teacher class

有了兩個印表機之後，我們可以再去設計一個 Teacher class，然後在這個
Teacher class 裡面，宣告一個 Printer 類型的變數，並且在後面去 new 一個
HpPrinter 出來。

```
public class Teacher {

    private Printer printer = new HpPrinter();

    public void teach() {
        printer.print("I'm a teacher");

    }
}
```

補充

這 裡 使 用 到 了 Java 中 的 「 多 型（polymorphism）」 概 念， 因 此
HpPrinter 才可以被向上轉型成 Printer 類型。如果對於 Java 中的多型概
念不熟悉的話，建議一定要回頭去了解一下會比較好，Java 多型的應
用，會非常常出現在 Spring Boot 的程式裡面。

所以到這裡為止，整個結構圖就會長得像是下面這個樣子，剛剛我們所新增出來的 Teacher class，它就在 class 裡面宣告了一個 Printer 的變數，並且在裡面去 new 了一個 HpPrinter 出來，然後使用這個 HpPrinter 的印表機去印東西了。

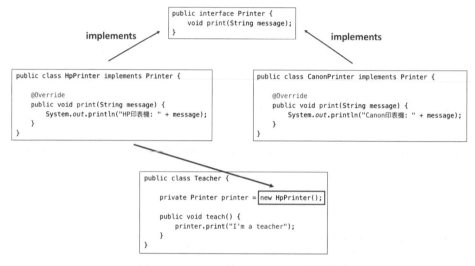

▲ 圖 5-2　Teacher 使用 HpPrinter 的結構圖

5.1.3 但是，如果 HpPrinter 印表機壞掉了怎麼辦？

假設這個時候，HpPrinter 突然壞掉了，因此 Teacher class 就想要改成去使用 CanonPrinter 印表機，繼續去印東西出來。

所以這個時候，我們就只能去改寫 Teacher 裡面的程式，將裡面的 Printer 變數，改成是去 new 一個 CanonPrinter 出來，因此結構圖就會變成是下面這個樣子：

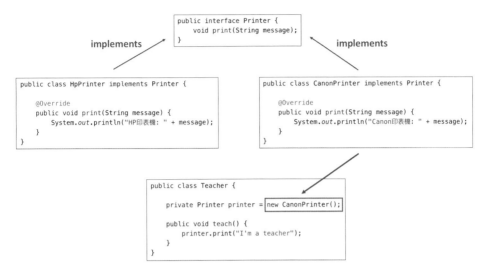

```
public interface Printer {
    void print(String message);
}
```

implements   implements

```
public class HpPrinter implements Printer {

    @Override
    public void print(String message) {
        System.out.println("HP印表機: " + message);
    }
}
```

```
public class CanonPrinter implements Printer {

    @Override
    public void print(String message) {
        System.out.println("Canon印表機: " + message);
    }
}
```

```
public class Teacher {

    private Printer printer = new CanonPrinter();

    public void teach() {
        printer.print("I'm a teacher");
    }
}
```

▲ 圖 5-3　Teacher 使用 CanonPrinter 的結構圖

所以到這邊，我們可能就會產生了一個新的想法：就是身為一個 Teacher，我們其實只是想要一台印表機去印東西而已，不論這個印表機是 HP 還是 Canon 品牌，只要可以印東西出來就好了，我們其實根本不在意我們所使用的是哪個牌子的印表機。

但是因為我們在 Teacher 的程式裡面，「具體的去指定了」要使用的是哪一牌的印表機，所以每當我們換一次牌子，我們就必須要把所有使用到印表機的程式，全部都修改一遍，因此就會變得非常麻煩（現在只有 Teacher 這個 class 需要修改，所以大家可能覺得還好，大不了就動手改一下，但是當 Project 越寫越大之後，要這樣一個一個修改是非常困難的）。

所以這時候，Spring 就提出了一個新的概念來解決這個問題，也就是 **IoC**（**Inversion of Control**，控制反轉）。

5.1.4 IoC（Inversion of Control，控制反轉）

為了解決上面的「替換印表機的問題」，Spring 提出了一個新的想法，也就是「將這個 Printer 的 object（物件）交由 Spring 保管，當誰要使用印表機的時候，再去跟 Spring 拿就好」。反正我們作為 Teacher 來說，其實也不是很在意使用到的是 HP 印表機、還是 Canon 印表機，我們只要確保能夠拿到一個印表機來印東西就好。

所以在這個情境下，HpPrinter 和 CanonPrinter 這兩個印表機，就統一交由 Spring 進行保管，而我們作為 Teacher，就不需要提前將 HpPrinter 和 CanonPrinter 的資訊寫死在 Java 程式裡面，所以 Teacher class 就可以改寫成是下面這個樣了：

```java
public class Teacher {

    private Printer printer;

    public void teach() {
        printer.print("I'm a teacher");
    }
}
```

▲ 圖 5-4　改寫 Teacher 中的 printer 變數

可以看到在 Teacher class 中，我們只定義了一個 printer 變數，**並且我們沒有為這個 printer 變數，去 new 一個 HpPrinter 或是 CanonPrinter 出來**，因此這個 printer 變數的值，預設就會是 null。

但是，當 Spring Boot 程式運作起來之後，Spring 就會去啟動一個「Spring 容器（Spring Container）」，然後 Spring 會預先去 new 一台印表機出來（此處以 HpPrinter 當作例子），並且存放在 Spring 容器裡面保存。

▲ 圖 5-5　放在 Spring 容器中的 HpPrinter

因此後續當 Teacher 想要使用印表機時，Spring 就會把這個預先 new 好、並且存放在 Spring 容器中的 HpPrinter，把它交給 Teacher，所以 Teacher 就可以正常的去使用這個 HP 的印表機，去印他想印的東西了。

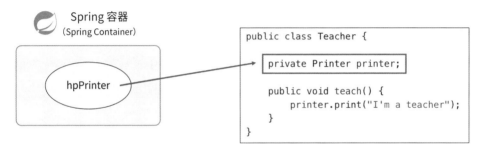

▲ 圖 5-6　Spring 容器將 HpPrinter 交給 Teacher

所以大家也可以簡單的想像成是：Spring 會預先去買一台印表機，然後儲存在「Spring 容器」裡面，而誰想要印東西，就去跟 Spring 借，所以印東西的人就再也不用自己去準備一台印表機，只要一直去跟 **Spring** 借就好了，這個就是「**Spring IoC**」的概念！

5.2 Spring IoC 的定義

所以透過上面的印表機例子，大概了解了 Spring IoC 的概念後，我們也可以回頭來看一下 IoC 的定義。

IoC 的全名是 Inversion of Control，中文翻譯成「控制反轉」，而 **IoC 的概念，就是「將 object（物件）的控制權，交給了外部的 Spring 容器來管理」**，所以所謂的 Control（控制），就是對於 object 的控制權。

所以像是我們以前在寫 Java 程式的時候，我們就會在 Teacher class 裡面去 new 一個 HpPrinter 出來，因此這個 HpPrinter 的控制權，就是在自己（Teacher class）的手上（如下圖左）。

而當我們使用了 Spring 框架之後，則是會由 Spring 容器統一去 new 一個 HpPrinter 出來，再去提供給大家使用，因此 HpPrinter 的控制權，就是在外部容器（Spring 容器）的手上（如下圖右）。

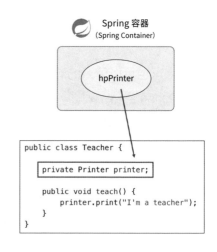

```
public class Teacher {

    private Printer printer = new HpPrinter();

    public void teach() {
        printer.print("I'm a teacher");
    }
}
```

Spring 容器
(Spring Container)

hpPrinter

```
public class Teacher {

    private Printer printer;

    public void teach() {
        printer.print("I'm a teacher");
    }
}
```

▲ 圖 5-7　是否使用 Spring IoC 的比較圖

也因為我們將 **HpPrinter** 的「控制權」，從自己手上「轉移到」外部的 **Spring 容器**，由外部的 Spring 容器統一去做管理，所以就稱為是 Inversion of Control，縮寫為 IoC。

5.3 Spring IoC 的優點

了解了 IoC 的定義之後，接著我們可以來看一些使用 Spring IoC 的優點有哪些。

使用 Spring IoC 有三大好處，分別是：

1. Loose Coupling（鬆耦合）

使用 Spring IoC 的第一個優點，就是可以達到 class 之間的鬆耦合，即是可以「降低各個 class 之間的關聯性」。

像是我們本來必須要在 Teacher 中，手動去指定我們要使用的是 HpPrinter 印表機，而這就會讓 Teacher 和 HpPrinter 的連結性變大。

但是當我們改用了 Spring IoC 之後，Teacher 就只要去和 Spring 容器拿一台印表機，就可以直接去印東西了，所以 Teacher 就不需要了解這個印表機到底是 HP 牌還是 Canon 牌，如此就降低了 Teacher 和 HpPrinter 之間的連結性。

因此使用 Spring IoC 的第一個好處，就是**可以降低 class 之間的關聯性**。

2. Lifecycle Management（生命週期管理）

使用 Spring IoC 的第二個優點，則是統一的生命週期管理。

因為我們將 HpPrinter 改成是交由 Spring 容器來管理，因此 Spring 就會負責 HpPrinter 的創建、初始化、以及銷毀，所以就不需要我們親自去處理這件事情。

所以使用 Spring IoC 的第二個好處，就是讓 Spring 容器能夠統一的，對所有 object 進行生命週期的管理。

3. More Testable（方便測試程式）

使用 Spring IoC 的第三個優點，即是更加方便的測試程式。

因為所有的 object 都是由外部的 Spring 容器來做管理，因此我們就可以使用 Mock 的技術，在測試的過程中，將 Spring 容器中的 object 給替換掉，這樣子就可以避免受到其他的外部服務影響，更聚焦在這個單元測試想要測試的部分。

> **補充**
>
> 本書中不會涵蓋到單元測試和 Mock 的介紹，所以如果對這方面感興趣的話，可以再上網搜尋其他文章的介紹。

5.4 章節總結

這個章節我們有先透過印表機的例子，去介紹了 Spring IoC 的原理，並且也一併介紹了使用 Spring IoC 的優點，希望可以透過比較生活化的例子，讓大家更好理解 Spring IoC 的概念。

那麼下一個章節，我們就會來介紹一下，在 Spring IoC 中也很重要的兩個名詞：DI 和 Bean，讓大家更全面的了解 Spring IoC，那我們就下一個章節見啦！

CHAPTER 06

IoC、DI、Bean 的介紹

在上一個章節中，我們先介紹了 Spring IoC 的原理，以及使用 Spring IoC 的優點，讓大家先對 Spring IoC 有一個初步的認識。

那麼這個章節，我們就會來介紹一下，在 Spring IoC 中也很重要的兩個名詞：DI 和 Bean，讓大家更全面的了解 Spring IoC，並且這也是後續在實作 Spring Boot 程式時，一個非常重要的概念。

6.1 回顧：什麼是 IoC？

在上一個章節中有提到，IoC 的全名是 Inversion of Control，中文翻譯為控制反轉，**而 IoC 的概念，就是「將 object 的控制權，交給了外部的 Spring 容器來管理」**，所以所謂的 Control（控制），就是「對於 object 的控制權」。

所以有了 IoC 的概念之後，以後所有的 object，就都是由外部的 Spring 容器來進行管理，因此當 Teacher 想要去使用印表機時，就只要跟 Spring 容器去借就好了，Teacher 就不需要自己去「控制」這個印表機的生命週期了。

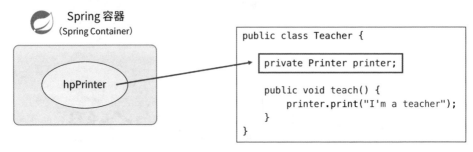

▲ 圖 6-1　Spring 容器將 HpPrinter 交給 Teacher

6.2　什麼是 DI？

只要提到 IoC，就一定會提到另一個名詞 DI，這兩個名詞可以說是相輔相成的，缺一不可。

DI 的全名是 Dependency Injection，中文翻譯為「依賴注入」，而其實 DI 依賴注入的概念，我們已經在前面的 IoC 過程中使用到了！

像是在上面那張圖中，Spring 會預先儲存一個 HpPrinter 印表機在 Spring 容器中，每當 Teacher 想要使用印表機時，Spring 容器就會將這個 HpPrinter 借給 Teacher 使用，其中這個「我借你」的動作，其實就是「DI 依賴注入」。

所以換句話說的話，每當 Spring 容器想要把 HpPrinter「借」給 Teacher 使用時，就是表示 **Spring 容器把 HpPrinter 給「注入」到 Teacher 這個 class 裡面**，因此才稱為是「**DI 依賴注入**」。

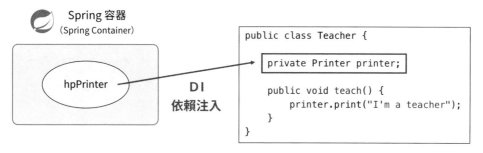

```java
public class Teacher {

    private Printer printer;

    public void teach() {
        printer.print("I'm a teacher");
    }

}
```

▲ 圖 6-2　Spring 容器將 HpPrinter 注入給 Teacher

所以只要有用到「**IoC 控制反轉**」的地方，一定就要搭配「**DI 依賴注入**」，因為 IoC 會讓我們把 object 的控制權交出去，所以後續必定需要搭配 DI，才能夠又把這個 object「注入」回來給我們使用，因此「IoC+DI」這兩個名詞，可以說是捆綁在一起的概念，它們兩個是相輔相成的！

補充

這裡不得不佩服當初命名 DI 的人，到底是怎麼想到「注入」這個艱深的詞彙的，文學造詣也太好了吧！不過老實說它也真的描述得很形象就是了，就是像打針一樣，把 HpPrinter 給注入到 Teacher 裡面。

6.3　什麼是 Bean ？

介紹完了 IoC 和 DI，最後我們來介紹一下什麼是 Bean，這裡還是舉前面那個印表機的例子。

當我們使用了 IoC，將 object 的控制權交給 Spring 容器來管理之後，所以以後所有的 object，它們就都是活在 Spring 容器裡面，由 Spring 容器來管理這些 object 的生命週期。

而這些「**由 Spring 容器所管理的 object，我們賦予它們一個新的名字，就叫做 Bean**」，所以 Bean 說穿了，其實就只是一個 object 而已，跟我們用 new 去創建的 HpPrinter 是一模一樣的，只是因為這些 object 被放在 Spring 容器中來管理，所以它們就有了新的名字，叫做 Bean，就只是這樣子而已。

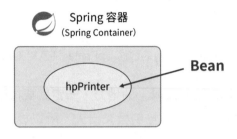

▲ 圖 6-3　Spring 容器中的 Bean

所以大家之後在開發 Spring Boot 程式時，看到 Bean 就不用太緊張，想説這是什麼神奇的東西，**它其實就只是由 Spring 容器所管理的 object 而已**，本質上和我們直接去 new 一個出來的沒什麼差別。

但也因為 Bean 在 Spring Boot 程式中使用的層面實在是太廣了，後面許多技術都會牽扯到 Bean 的概念，所以就建議大家，還是要了解 Bean 的意義和用途會比較好！

6.4　章節總結

這個章節我們延續了 Spring IoC 的介紹，補足了 Spring IoC 中也很重要的兩個名詞的概念：DI 和 Bean，讓大家對 Spring IoC 有一個更全面的了解。

那麼下一個章節，我們就會實際到 IntelliJ 中應用 Spring IoC 的概念，也就是練習在 Spring Boot 程式中去創建一個 Bean、並且將這個 Bean 去注入到其他的 class 中，那我們就下一個章節見啦！

CHAPTER

07

Bean 的創建和注入一 @Component、@Autowired

在上一個章節中，我們有介紹了 IoC、DI 和 Bean 這些在 Spring IoC 中的重要名詞。

所以這個章節，我們就實際到 IntelliJ 中，來練習要如何在 Spring Boot 程式中去創建 Bean，以及要如何將 Bean 注入到別的 class 中。

7.1 創建 Bean 的方法：@Component

7.1.1 @Component 用法介紹

在 Spring Boot 中，最常見的創建 Bean 的方法，就是在 class 上面加上一行 `@Component` 的程式。只要在 class 上面加上一行 `@Component`，就可以將這個 class 變成一個 Bean 了，Magic ！

所以只要我們將 HpPrinter 改寫成下面這個樣子（注意在最上面加了一行 `@Componenet`），就可以將 HpPrinter 變成一個由 Spring 容器所管理的 Bean 了。

```
@Component
public class HpPrinter implements Printer {

    @Override
    public void print(String message) {
        System.out.println("HP印表機: " + message);
    }
}
```

▲ 圖 7-1　在 HpPrinter 上添加 @Component

因此當 Spring Boot 程式運行起來之後，Spring Boot 就會去查看有哪些 class 上面加上了 `@Component`，然後 Spring Boot 就會提前去 new 一個 object 出來，並且存放在 Spring 容器裡面，等著其他人後續來跟它借。

所以以 HpPrinter 這個例子來說，當 Spring Boot 看到 HpPrinter 上面有加上 `@Component` 之後，Spring Boot 就會去執行下面這行程式，提前去 new 出一個 HpPrinter 的 object 出來。

```
Printer hpPrinter = new HpPrinter();
```

並且 SpringBoot 會將 hpPrinter 這個 object，存放在 Spring 容器中，等著後續其他人來借，因此架構就會長得像是下圖這樣（即是在 Spring 容器中存放了一個 hpPrinter 的 object）：

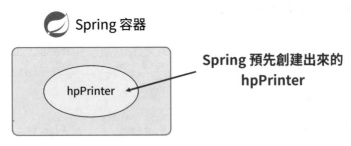

▲ 圖 7-2　Spring Boot 將 hpPrinter 存放在 Spring 容器中

也因為使用 `@Component` 來創建 Bean 可以說是非常的神速，只需要在 class 上面加上一行程式就可以完成，因此 `@Component` 也可以說是在 Spring Boot 中使用頻率最高的註解之一。

7.1.2 創建 Bean 的注意事項

在使用 `@Component` 來創建 Bean 時，有一個重點要特別提一下，就是**這些被創建出來的 Bean**，他們的名字，會是「**class 名稱的第一個字母轉成小寫**」。

舉例來說，當我們在 HpPrinter 這個 class 上面加上一個 `@Component` 之後，那麼 Spring 所生成出來的 Bean 的名字，就會是 hpPrinter。

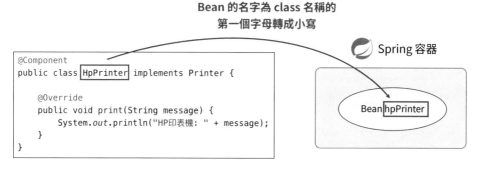

▲ 圖 7-3　Bean 的名字生成示意圖

所以同樣的道理，假設我們今天改成將 `@Component` 加在 CanonPrinter class 上，那 Spring 所生成出來的 Bean，就會是 canonPrinter。

因此當大家之後在創建 Bean 時，就要記得「**Spring 生成出來的 Bean 的名字，會是 class 名稱的第一個字母轉成小寫**」，這個特性在下一個章節中馬上就會用到，所以這也是一個很重要的特性！

> **補充**
>
> 除了在 class 上面加上 `@Component` 能夠創建 Bean 之外，也是可以使用 `@Bean+@Configuration` 這種方式，去創建一個 Bean 出來的，不過因為這部分相對複雜，因此在本書中不會介紹 `@Bean+@Configuration` 的實作。

7.2 注入 Bean 的方法：@Autowired

7.2.1 @Autowired 用法介紹

了解了創建 Bean 的方法之後，接著我們可以來看一下要如何去「注入 Bean」。

要注入 Bean 也很簡單，只需要在變數上面加上 `@Autowired` 這行程式，就可以將 Spring 容器中的 Bean 給注入進來了，Magic again！

```java
@Component
public class Teacher {

    @Autowired
    private Printer printer;

    public void teach() {
        printer.print("I'm a teacher");
    }
}
```

▲ 圖 7-4　在 Teacher 中使用 @Autowired 注入

不過，在使用 `@Autowired` 去注入 Bean 進來時，有兩個很重要的限制一定得遵守！如果不遵守的話，是沒辦法正常去注入 Bean 進來的。

7.2.2 使用 @Autowired 的注意事項之一：該 Class 必須也是 Bean

當某個 class 想要使用 `@Autowired` 去注入一個 Bean 進來時，這個 class 自己本身也得變成是由 **Spring** 容器所管理的 **Bean** 才可以，因為這樣子 Spring 容器才有辦法透過 DI（依賴注入），將我們想要的 Bean 給注入進來。

所以假設我們是一個 Teacher，如果我們想要使用 `@Autowired`，去把 HpPrinter 這個 Bean 給注入進來的話，那麼 Teacher 本身也必須成為一個 Bean 才可以。

因此這時候，我們就必須先在 Teacher class 上面，先去加上一行 `@Component`，將 Teacher 先變成是一個 Bean，這樣後續才可以透過 `@Autowired`，將 HpPrinter 這個 Bean 注入到 Teacher 裡面。

```
@Component
public class Teacher {

    @Autowired
    private Printer printer;

    public void teach() {
        printer.print("I'm a teacher");
    }
}
```

▲ 圖 7-5　將 Teacher 變成一個 Bean

> **補充**
>
> 基本上當我們使用了 Spring Boot 這套框架之後，我們就會盡量把所有的 class 都變成 Bean，因為這樣才能夠注入來注入去的，所以在 Spring Boot 程式裡面看到一堆 `@Component` 和 `@Autowired` 是很正常的！

7.2.3 使用 @Autowired 的注意事項之二： @Autowired 是根據「變數類型」尋找 Bean

使用 `@Autowired` 的第二個注意事項，即是 `@Autowired` 是根據「變數的類型」來尋找 Bean。

假設我們在 Teacher class 中的 printer 變數上，去加上了 `@Autowired` 這行程式之後，就表示「我們想要注入一個 Printer 類型的 Bean」，因此 Spring 容器就會查看它裡面有沒有 Printer 類型的 Bean，如果有的話，Spring 容器就會把這個 Bean 注入給 Teacher，如果沒有的話，就會出現錯誤並且停止程式。

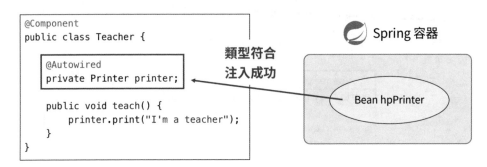

▲ 圖 7-6　類型符合，注入成功

而 HpPrinter 這個 class，它之所以可以成功的被注入到 Printer 類型的變數裡面，原因就在於 **Java** 的多型特性，使得 **HpPrinter class** 可以「**向上轉型**」成 **Printer interface**，因此就可以成功的將 hpPrinter 這個 Bean，注入到 Teacher class 裡面了！

> **補充**
>
> 因為這裡牽涉到 Java 的多型特性,因此不熟悉這部分的話,建議要先
> 回頭了解一下 Java 的多型特性,多型的概念會貫穿整個 Spring Boot 的
> 開發,建議大家還是要了解一下會比較好。

7.2.4 小結:所以,**@Autowired** 到底要如何使用?

所以總結來說,如果想要使用 `@Autowired` 去注入一個 Bean 時,必須滿足:

- 要確保「自己也是一個 Bean」(即是有在 class 上面加上 `@Component`)。
- 並且 `@Autowired` 是透過「變數的類型」來注入 Bean 的(所以只要
  Spring 容器中沒有那個類型的 Bean,就會注入失敗)。

只要記住以上兩點,就可以在想要的地方使用 `@Autowired`,去注入 Spring
容器中的 Bean 進來了!

7.3 在 Spring Boot 中練習 @Component 和 @Autowired 的用法

了解了 `@Component` 和 `@Autowired` 的概念之後,接著我們也可以實際到
Spring Boot 中,來練習它們的用法。

在前面的「第 4 章 _ 第一個 Spring Boot 程式」中,我們有去創建了一個
MyController class 出來,所以現在在 Spring Boot 的程式中,就會存在兩個
class,分別是 DemoApplication 以及 MyController。

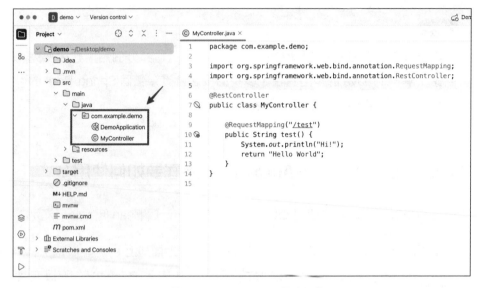

▲ 圖 7-7　Spring Boot 程式回顧

接著我們就一樣是在 com.example.demo 這個 package 底下，再去創建一個 Printer interface 出來。所以我們可以在 com.example.demo 這個 package 上點擊右鍵，然後選擇 New，接著選擇 Java class。

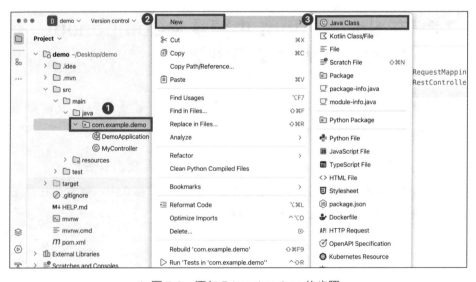

▲ 圖 7-8　添加 Printer interface 的步驟

然後我們將這個 interface 的名字，取名成 Printer，並且在下面選擇 interface，這樣就可以去創建一個 Printer interface 出來。

▲ 圖 7-9　添加 Printer interface

接著在這個 Printer 的 interface 裡面，去新增一個 `print()` 方法的宣告。

```java
public interface Printer {
    void print(String message);
}
```

創建好 Printer interface 之後，整個結構會長的像是下面這個樣子：

▲ 圖 7-10　Printer 的程式實作

7.3.1 練習創建 Bean 的方法：@Component

創建好 Printer interface 之後，接著我們可以再去創建一個 class，來實作 Printer interface。

所以我們就在 com.example.demo 底下，創建一個 HpPrinter 的 class 出來，並且在這個 HpPrinter 的 class 中，撰寫以下的程式：

```java
@Component
public class HpPrinter implements Printer {

    @Override
    public void print(String message) {
        System.out.println("HP印表機: " + message);
    }

}
```

創建好 HpPrinter class 之後，整個結構會長的像是下面這個樣子：

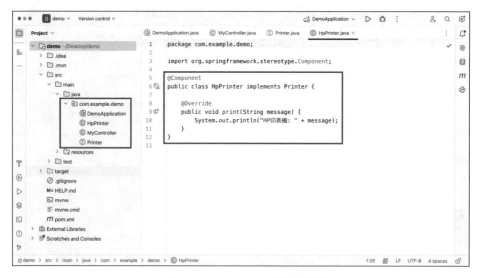

▲ 圖 7-11　HpPrinter 的程式實作

在這個 HpPrinter 的實作中,我們在第 5 行有添加了 `@Component` 的程式,又因為 `@Component` 的用途,是將 class 變成是由 Spring 所管理的 Bean,所以當我們這樣子寫的話,就是表示我們**將 HpPrinter 變成一個「由 Spring 容器所管理的 Bean」**。

因此到時候當 Spring Boot 運行起來時,Spring 就會預先去創建 hpPrinter 這個 Bean 出來,並且存放在 Spring 容器裡面了。

7.3.2 練習注入 Bean 的方法:@Autowired

創建好 HpPrinter 這個 Bean 之後,接著我們可以嘗試把 HpPrinter 這個 Bean,注入到我們想要的地方。

這裡大家可以先回到 MyController class,然後在 MyController 裡面,加上下圖中第 10 ~ 11 行的程式:

▲ 圖 7-12　使用 @Autowired 注入 Printer 類型的 Bean

所以在 MyController 這裡，我們就去新增了一個 Printer 類型的變數，並且在這個變數上面加上一個 `@Autowired`，這樣到時候，**Spring Boot 就會將「Spring 容器中類型為 Printer 的 Bean，注入到這個 printer 變數中」**了。

所以換句話説的話，到時候 Spring Boot 就會把存放在 Spring 容器中的 hpPrinter Bean，去注入到 MyController 的 printer 變數中，因此到時候這個 printer 變數所存放的，就會是一個 HpPrinter 的 object。

而當 hpPrinter 被注入到 printer 中之後，我們就可以在下面的 `test()` 方法中，使用 printer 變數中的 `print()` 方法，嘗試去印出一行 Hello World 的字串（如下圖中的第 15 行所示）。

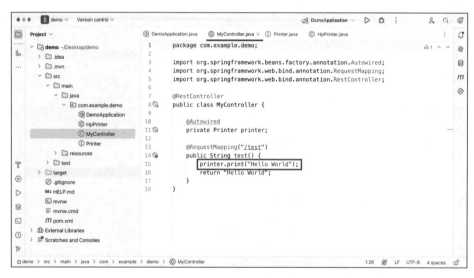

▲ 圖 7-13　MyController 的程式實作

所以當我們寫到這裡之後，使用 `@Autowired` 去注入一個 Bean 進來的程式也就完成了！

補充：為什麼 **MyController** 能使用 **@Autowired** ？

到這邊大家可能會有一個疑問，就是：「為什麼 MyController 可以使用 `@Autowired` 去注入 Bean ？」因為我們在前面有提到，使用 `@Autowired` 的 class，本身也得是一個 Bean 才是。但是在上面的程式中，我們明明沒有在 MyController 上面加上 `@Component` 將它變成一個 Bean，那為什麼 MyController 可以使用 `@Autowired` 去注入 Bean ？

其實 MyController 在這裡也是有偷偷成為一個 Bean 的，而這就是 `@RestController` 這一行程式所造成的效果（如下圖中的第 7 行所示）。

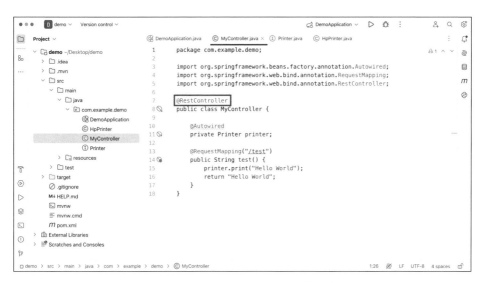

▲ 圖 7-14　@RestController 的用途

大家可以先把 `@RestController` 當成是一個厲害版的 `@Component`，它不僅可以將 class 變成 Bean，還有更多的功能在裡面。

不過回到最一開始的問題，MyController 本身其實也是一個 Bean 沒錯！所以它才有能力去使用 `@Autowired` 注入 Bean 進來。因此大家在使用 `@Autowired` 去注入 Bean 時，就一定要特別記得，若是某個 class 想要使用 `@Autowired` 去注入 Bean，那該 class 也必須變成一個 Bean 才可以。

7.3.3 運行 Spring Boot 程式

上述的程式都寫好之後，我們就可以回到 DemoApplication 上，然後點擊播放鍵，去運行這個 Spring Boot 程式。

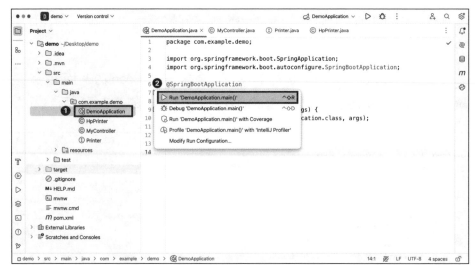

▲ 圖 7-15　運行 Spring Boot 程式

運行起來之後，當看到下方的 console 出現「Started DemoApplication in 0.658 seconds」時，就表示 Spring Boot 程式運行成功了。

```
Run    DemoApplication ×
                          Console    Actuator

main] com.example.demo.DemoApplication        : Starting DemoApplication using Java 21.0.4 with PID 73479 (/Users/kuj
main] com.example.demo.DemoApplication        : No active profile set, falling back to 1 default profile: "default"
main] o.s.b.w.embedded.tomcat.TomcatWebServer : Tomcat initialized with port 8080 (http)
main] o.apache.catalina.core.StandardService  : Starting service [Tomcat]
main] o.apache.catalina.core.StandardEngine   : Starting Servlet engine: [Apache Tomcat/10.1.28]
main] o.a.c.c.C.[Tomcat].[localhost].[/]       : Initializing Spring embedded WebApplicationContext
main] w.s.c.ServletWebServerApplicationContext : Root WebApplicationContext: initialization completed in 359 ms
main] o.s.b.w.embedded.tomcat.TomcatWebServer : Tomcat started on port 8080 (http) with context path '/'
main] com.example.demo.DemoApplication        : Started DemoApplication in 0.658 seconds (process running for 1.164)
```

▲ 圖 7-16　運行 Spring Boot 程式的結果

接著我們可以打開 Google 瀏覽器，然後在裡面輸入 http://localhost:8080/test，接著按下 Enter 鍵。

這時候如果頁面中有呈現「Hello World」字樣的話，就表示請求成功了，所以我們可以回到 IntelliJ 上來看一下結果。

▲ 圖 7-17　在瀏覽器上查看結果

這時回到 IntelliJ 上，就可以在 console 下方看到一行「HP 印表機：Hello World」的輸出。

```
Run    DemoApplication  ×
       Console    Actuator
2024-09-15T19:06:20.879+08:00  INFO 73479 --- [demo] [          main] o.apache.catalina.core.StandardService  : Star
2024-09-15T19:06:20.880+08:00  INFO 73479 --- [demo] [          main] o.apache.catalina.core.StandardEngine   : Star
2024-09-15T19:06:20.899+08:00  INFO 73479 --- [demo] [          main] o.a.c.c.C.[Tomcat].[localhost].[/]       : Init
2024-09-15T19:06:20.899+08:00  INFO 73479 --- [demo] [          main] w.s.c.ServletWebServerApplicationContext : Root
2024-09-15T19:06:21.040+08:00  INFO 73479 --- [demo] [          main] o.s.b.w.embedded.tomcat.TomcatWebServer  : Tomc
2024-09-15T19:06:21.044+08:00  INFO 73479 --- [demo] [          main] com.example.demo.DemoApplication         : Star
2024-09-15T19:08:33.529+08:00  INFO 73479 --- [demo] [nio-8080-exec-1] o.a.c.c.C.[Tomcat].[localhost].[/]      : Init
2024-09-15T19:08:33.529+08:00  INFO 73479 --- [demo] [nio-8080-exec-1] o.s.web.servlet.DispatcherServlet       : Init
2024-09-15T19:08:33.530+08:00  INFO 73479 --- [demo] [nio-8080-exec-1] o.s.web.servlet.DispatcherServlet       : Comp
HP印表機: Hello World
```

▲ 圖 7-18　在 console 上輸出結果

之所以會出現這一行「HP 印表機：Hello World」輸出，是因為當我們在瀏覽器中輸入 http://localhost:8080/test 時，Spring Boot 就會去執行 MyController 裡面的 `test()` 方法，因此才會執行到第 15 行的 `printer.print("Hello World")` 程式，所以才會在 console 上印出「HP 印表機：Hello World」的字串。

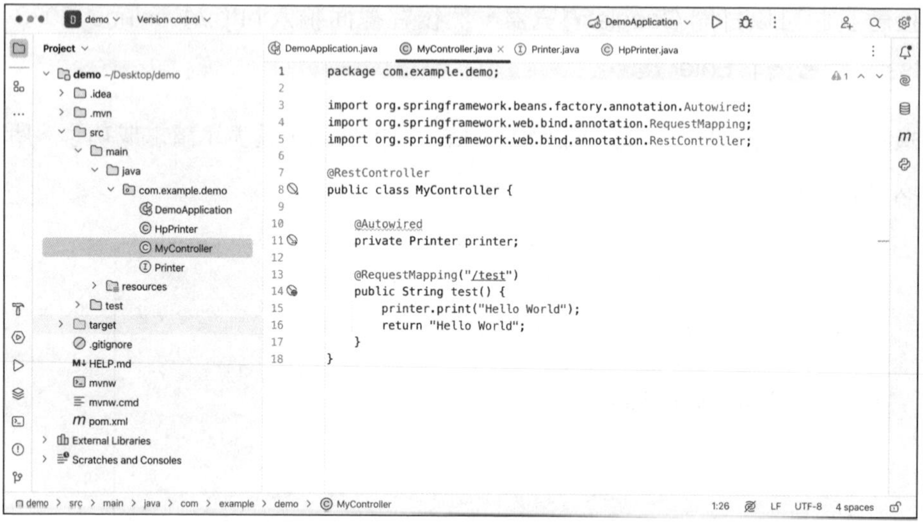

▲ 圖 7-19　MyController 的程式實作

因此只要看到「HP 印表機 : Hello World」這一行出現，就表示我們成功的透過 `@Component` 和 `@Autowired`，在 Spring Boot 中創建一個 HpPrinter Bean 出來，並且將它注入到 MyController 裡面了！

7.4　章節總結

這個章節我們先介紹了要如何使用 `@Component` 去創建一個 Bean，以及如何使用 `@Autowired` 去注入 Bean，最後我們也有實際的在 Spring Boot 中，去練習了這兩個註解的用法，讓大家了解要如何在 Spring Boot 程式中去創建和注入 Bean。

那麼到這邊，可能有的人開始會有一個疑惑：既然 `@Autowired` 是透過「變數的類型」來注入 Bean，那假設在 Spring 容器中，同時有兩個以上同樣類型的 Bean 存在的話，那該怎麼辦？這時候 Spring 容器是會隨機挑選一個 Bean 來注入，還是會直接報錯？

所以下一個章節，我們就會接著來介紹另一個註解 `@Qualifier`，並且介紹要如何透過 `@Qualifier`，去協助 `@Autowired` 選擇要注入的 Bean，那我們就下一個章節見啦！

Note

CHAPTER

08

指定注入的 Bean—
@Qualifier

在上一個章節中，我們介紹了如何使用 `@Component` 來創建 Bean，也有介紹要如何使用 `@Autowired` 來注入 Bean。

那麼接著這個章節，我們就會來介紹，當 Spring 容器中有兩個以上同樣類型的 Bean 存在時，該怎麼去選擇要注入的 Bean。

8.1 回顧：注入 Bean 的方法：@Autowired

在上一個章節中我們有介紹到，我們是可以在變數上加上 `@Autowired`，將想要的 Bean 給注入進來的。

不過在使用 `@Autowired` 來注入 Bean 時，必須滿足以下事項：

- 首先必須要確保「**自己也是一個 Bean**」（即是有在 class 上面加上 `@Component`）
- 並且 `@Autowired` 是透過「**變數的類型**」來注入 Bean 的

所以在使用 `@Autowired` 去注入 Bean 進來時，Spring Boot 就是會透過「變數的類型」，去 Spring 容器中尋找是否有類型符合的 Bean，如果有同類型的 Bean 存在時，即可注入成功，如果沒有 Bean 存在，則注入失敗，Spring Boot 就會報錯，並且運行失敗。

所以像是在下面的例子中，因為 Spring 容器中只有 hpPrinter 這個 Bean，並且 hpPrinter 又可以向上轉型成 Printer 類型，所以 SpringBoot 就會判定它們類型符合，因此就能夠注入成功。

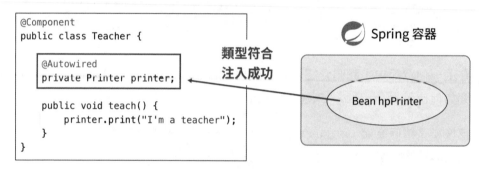

▲ 圖 8-1　類型符合，注入成功

但是，假設在 Spring 容器中，同時有兩個一樣類型的 Bean 存在，譬如說像是下面這張圖，在 Spring 容器中同時有 hpPrinter 和 canonPrinter 這兩個 Bean 存在，那麼在這個情況下，Spring Boot 會如何運作呢？

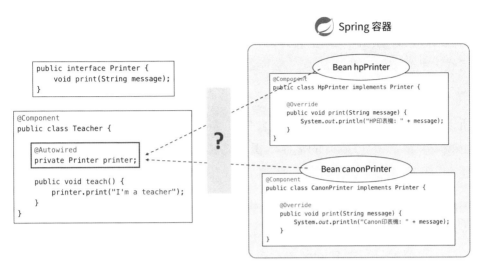

▲ 圖 8-2　當有多個同樣類型的 Bean 存在時，如何注入？

正確答案是：Spring Boot 會出現錯誤並且運行失敗。

而 Spring Boot 之所以會出現錯誤，就是因為 hpPrinter 和 canonPrinter 都可以向上轉型成 Printer 類型，所以 Spring Boot 不知道該注入哪一個 Bean 進來，因此就發生錯誤。

所以會導致這個錯誤的根本原因，就是因為在 Spring 容器中，有多個同樣類型的 Bean 存在，因此 Spring Boot 就無法選擇要注入哪一個 Bean 進來。

所以為了解決這個問題，就是 `@Qualifier` 登場的時候了！

8.2　指定注入的 Bean 的名字：@Qualifier

8.2.1　@Qualifier 用法介紹

`@Qualifier` 的用途，是去指定要注入的 Bean 的「名字」是什麼，進而解決同時有兩個同樣類型的 Bean 存在的問題。

因此在一般的情況下，我們是可以直接使用 `@Autowired` 去注入 Bean 的，但是假設今天有兩個同樣類型的 Bean 存在時，那麼我們在使用 `@Autowired` 的時候，就必須同時去搭配 `@Qualifier`，才能夠去選擇要注入的 Bean 是哪一個。

所以簡單來說，Spring Boot 就是會先由 `@Autowired` 篩選 Bean 的類型、再由 `@Qualifier` 篩選 Bean 的名字，透過這樣子的連環組合拳來解決這個問題！

因此如果我們回頭看剛剛的例子，假設目前在 Spring 容器中有兩個 Bean：hpPrinter 和 canonPrinter，這時候如果我們想要注入 hpPrinter 這個 Bean 的話，那麼就只要在 Printer 變數上面再加上一個 `@Qualifier`，並且在裡面去指定要注入的 Bean 的名字是「hpPrinter」，這樣子就可以成功的去注入 hpPrinter Bean 進來了！

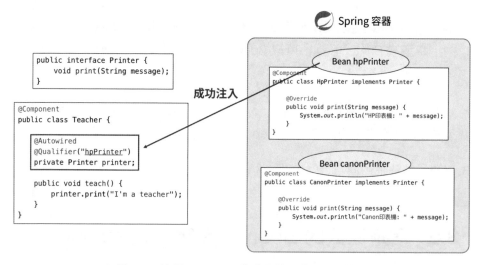

▲ 圖 8-3　使用 @Qualifier 指定要注入的 Bean 的名字

8.2.2 使用 **@Qualifer** 的注意事項之一： 必須搭配 **@Autowired** 一起使用

在使用 `@Qualifier` 去指定「要注入的 Bean」時，一定要搭配 `@Autowired` 一起使用，單純使用 `@Qualifier` 是沒有任何用處的。

所以其實大家也可以直接把 `@Qualifier` 當成是 `@Autowired` 的小弟這樣，`@Qualifier` 只是專門在輔助 `@Autowired` 的，如果沒有 `@Autowired` 的話，那麼 `@Qualifier` 是完全沒有任何作用的。

8.2.3 使用 **@Qualifer** 的注意事項之二： **@Qualifier** 指定的是「**Bean** 的名字」

就如同前面所介紹的一樣，`@Qualifier` 是為了解決「多個類型同時存在」的問題而存在的，**因此它所指定的是「Bean 的名字」**。也由於 `@Qualifier` 指定的是 Bean 的名字，因此掌握 Bean 的名字的生成方式就非常的重要！

當我們平常使用 `@Component` 去創建 Bean 時，這些 Bean 的名字，就會是「class 名稱的第一個字母轉成小寫」。

所以像是由 HpPrinter class 所生成的 Bean，名字就會叫做 hpPrinter；而由 CanonPrinter class 所生成的 Bean，名字就會叫做 canonPrinter。

因此大家在使用 `@Qualifier` 去指定要注入的 Bean 的名字時，一定要撰寫正確的 Bean 的名字，這樣子才能夠成功的去注入該 Bean 進來。

補充

有關 Bean 的名字的生成機制，可以回頭參考「第 7 章 _Bean 的創建和注入—@Component、@Autowired」的相關介紹。

8.3 在 Spring Boot 中練習 @Qualifier 的用法

8.3.1 練習指定注入 Bean 的用法：@Qualifier

了解了 `@Qualifier` 的用法之後，接著我們也可以實際到 Spring Boot 中，來練習 `@Qualifier` 的用法。

延續上一個章節的程式，目前在 Spring Boot 程式中，我們已經創建了 Printer interface 以及 HpPrinter class 出來，並且在 MyController 裡面，我們就使用了 `@Autowired` 去注入一個 Printer 類型的 Bean 進來。

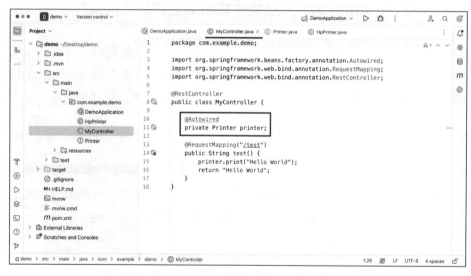

▲ 圖 8-4　回顧上一個章節的 MyController 實作

由於目前在這個 Spring Boot 程式裡面，只有一個 hpPrinter Bean 有辦法向上轉型成 Printer 類型，因此在 MyController 這裡所注入的，就會是 hpPrinter 這個 Bean。

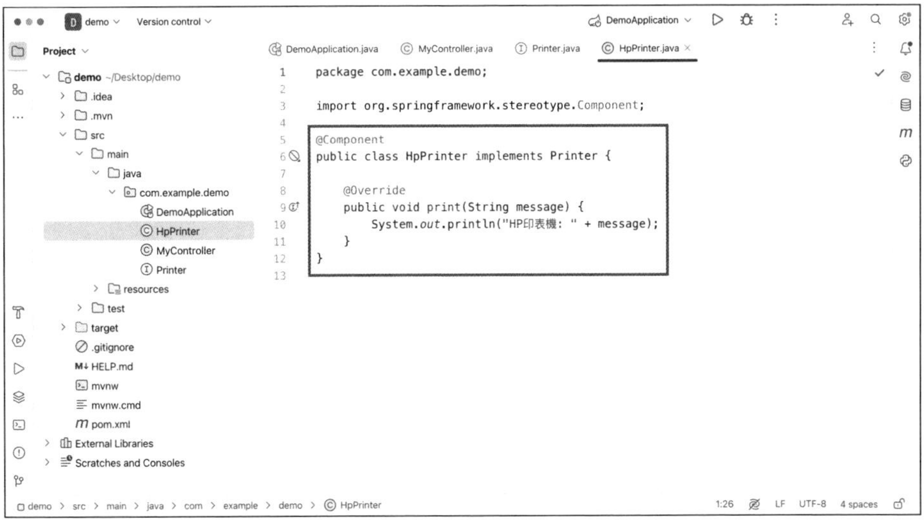

▲ 圖 8-5　回顧上一個章節的 HpPrinter 實作

如果要練習 `@Qualifier` 的用法的話，我們可以先在 com.example.demo 這個 package 底下，再去新增一個 CanonPrinter 的 class 出來，並且在這個 CanonPrinter 的 class 中，撰寫以下的程式：

```
@Component
public class CanonPrinter implements Printer {

    @Override
    public void print(String message) {
        System.out.println("Canon印表機: " + message);
    }

}
```

創建好 CanonPrinter class 之後，整個結構會長的像是下面這個樣子：

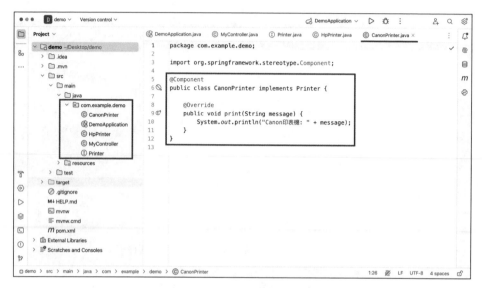

▲ 圖 8-6　CanonPrinter 的程式實作

所以當我們這樣寫之後，就等於是 HpPrinter 和 CanonPrinter 這兩個 class，到時候都會被 Spring Boot 所管理，所以 Spring Boot 到時候就會各 new 出一份 Bean，並且存放在 Spring 容器中。

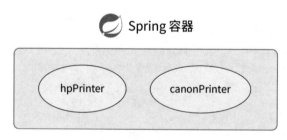

▲ 圖 8-7　Spring 容器中同時存在 hpPrinter 和 canonPrinter 示意圖

創建好 CanonPrinter 之後，這時候我們回到 MyController 上面來看一下的話，就會發現在第 11 行的 printer 變數下面，出現了一個紅色的波浪線。

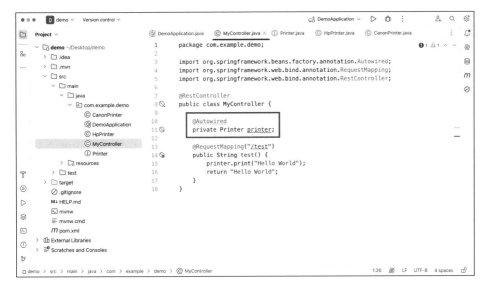

▲ 圖 8-8　IntelliJ 的錯誤提示

這是因為 IntelliJ 會主動檢查我們所寫的程式，並偵測出這裡到時候會出現注入的問題（Spring 容器同時存在多個同類型的 Bean），因此 IntelliJ 就提前出現了紅色的波浪線，提示我們此處有錯誤。

如果我們不管這個紅色波浪線，執意要運行 Spring Boot 程式的話，那麼在啟動 Spring Boot 的過程中，console 就會噴出下列的錯誤訊息，提示我們啟動 Spring Boot 失敗。

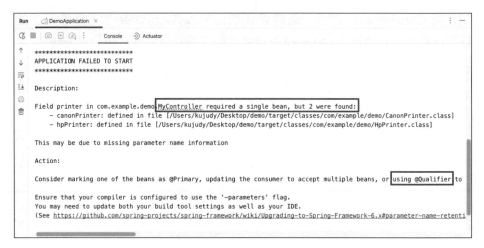

▲ 圖 8-9　運行 Spring Boot 程式得到的錯誤提示

在上面這段 console 的錯誤訊息中，有出現了一句「MyController required a single bean, but 2 were found:」的訊息，這一行訊息的意思，就是表示 MyController 想要注入一個 Bean，但是卻發現在 Spring 容器中存在兩個同樣類型的 Bean，導致 MyController 不知道要選擇哪一個 Bean 進行注入，因此才導致注入失敗。

並且在下方的錯誤訊息中，Spring Boot 也有建議我們使用 `@Qualifier`，來解決這個「多個同樣類型的 Bean 同時存在」的問題。

所以要解決這個問題的話，就是 `@Qualifier` 出場的時候了！

因此我們可以回到 MyController 上，然後在 printer 變數上面，去加上一行 `@Qualifier("canonPrinter")` 的程式，表示我們想要注入的 Bean，是「名字為 canonPrinter」的那個 Bean。

▲ 圖 8-10　修改 MyController 的程式實作

當我們這樣寫之後，到時候 Spring Boot 在注入 Bean 時，就會從 Printer 類型中的 Bean 中，選出名字為 canonPrinter 的那個 Bean，然後把它注入到 MyController 裡面了！

補充

因為當我們使用 `@Component` 去創建 Bean 時，這些 Bean 的名字，就會是「class 名稱的第一個字母轉成小寫」，所以因為我們在 CanonPrinter 這個 class 上面加上了 `@Component`，所以到時候 Spring Boot 所生成的 Bean，它的名字就會是 canonPrinter（注意第一個字母為小寫）。

8.3.2 運行 Spring Boot 程式

寫好上述程式之後，我們可以重新運行 Spring Boot 程式，來看一下效果。

運行起來之後，當看到下方的 console 出現「Started DemoApplication in 0.663 seconds」時，就表示 Spring Boot 程式運行成功了。

```
Run    🔾 DemoApplication  ×                                                                  ⋮  —
🔾 □ ⊙ ⊡ ⊘ ⋮   Console   ⊙ Actuator
↑
↓    main] com.example.demo.DemoApplication            : Starting DemoApplication using Java 21.0.4 with PID 76306 (/Users/kuj
⇥    main] com.example.demo.DemoApplication            : No active profile set, falling back to 1 default profile: "default"
⇥↓   main] o.s.b.w.embedded.tomcat.TomcatWebServer     : Tomcat initialized with port 8080 (http)
🗐    main] o.apache.catalina.core.StandardService      : Starting service [Tomcat]
🗑    main] o.apache.catalina.core.StandardEngine       : Starting Servlet engine: [Apache Tomcat/10.1.28]
     main] o.a.c.c.C.[Tomcat].[localhost].[/]          : Initializing Spring embedded WebApplicationContext
     main] w.s.c.ServletWebServerApplicationContext    : Root WebApplicationContext: initialization completed in 349 ms
     main] o.s.b.w.embedded.tomcat.TomcatWebServer     : Tomcat started on port 8080 (http) with context path '/'
     main] com.example.demo.DemoApplication            : Started DemoApplication in 0.663 seconds (process running for 1.12)
```

▲ 圖 8-11　運行 Spring Boot 程式的結果

接著我們可以打開 Google 瀏覽器，然後在裡面輸入 http://localhost:8080/test，再按下 Enter 鍵。

這時候如果頁面中有呈現「Hello World」字樣的話，就表示請求成功了，所以我們可以回到 IntelliJ 上來看一下結果。

▲ 圖 8-12　在瀏覽器上查看結果

這時回到 IntelliJ 上，就可以在 console 下方看到一行「Canon 印表機 :HelloWorld」的輸出。

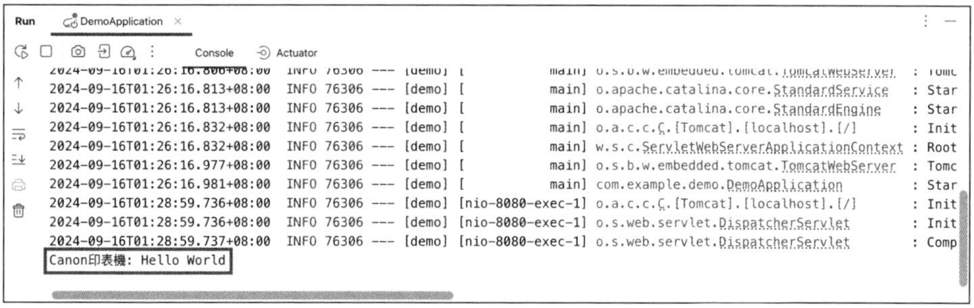

▲ 圖 8-13　在 console 上輸出結果

而這裡之所以會出現「Canon 印表機 :HelloWorld」這一行輸出，就是因為我們在 MyController 中加上了第 12 行的 `@Qualifier("canonPrinter")`，而這一行 **`@Qualifier("canonPrinter")`** 所代表的意思，就是去指定「注入名字為 **canonPrinter** 的那個 **Bean**」。

因此 Spring Boot 到時候就會將 canonPrinter 注入到 MyController 的 printer 的變數裡面，所以後續執行到第 17 行的 `printer.print("Hello World")` 時，實際上就是去執行 canonPrinter 的 `print()` 方法，所以最後才會在 console 上輸出「Canon 印表機 :Hello World」的訊息。

▲ 圖 8-14　MyController 的程式實作

所以只要大家在 console 上看到「Canon 印表機 :Hello World」這一行訊息
出現的話，就表示我們成功的透過 `@Qualifier`，去指定要注入哪一個 Bean
進來了！

補充

大家也可以試著把 MyController 的第 17 行程式修改一下，來體驗一
下 `@Qualifier` 的用法。譬如說把它改成 `@Qualifier("hpPrinter")` 的
話，就可以改成是去注入 hpPrinter 那個 Bean 進來，因此在 console 上
所輸出的，就會變成是「HP 印表機 :Hello World」。

8.4　章節總結

這個章節我們有去介紹了一下，要如何透過 `@Qualifier`，去指定要注入的
Bean 的名字，進而去輔助 `@Autowired` 透過變數的類型注入 Bean 所引發的
衍生問題，並且我們也有實際到 Spring Boot 中練習了一下 `@Qualifier` 的用
法，讓大家感受一下 `@Qualifier` 的效果為何。

那麼在介紹完 Bean 的創建和注入之後，接著我們會來介紹「Bean 的初始
化」，這也是在實戰中非常常用到的用法，那我們就下一個章節見啦！

Bean 的初始化─ @PostConstruct

在前面的章節中，我們分別介紹了 Bean 的相關特性，像是：

- 創建 Bean 的方法：`@Component`
- 注入 Bean 的方法：`@Autowired`
- 以及指定 Bean 名字的方法：`@Qualifier`

所以到目前為止，我們已經對 Bean 有了更多的認識，並且知道要如何在 Spring Boot 中運用 Bean 了。

那麼這個章節，我們會繼續來探討 Bean 的更多用法，介紹要如何在創建一個 Bean 出來之後，去「初始化」這個 Bean 的值。

9.1 什麼是 Bean 的初始化？

所謂的「**Bean 的初始化**」，就是指「**在 Bean 被創建出來之後，對這個 Bean 去做一些初始值的設定**」，譬如說把它內部的變數值設定成 5、或是進行一些運算之類的，反正就是對這個 Bean 去做初始的出廠設定就對了。

舉例來說，我們可以先改寫一下之前所實作的 HpPrinter，先在裡面加上一個 count 變數，用 count 變數計算這台印表機還可以印幾次。所以每當我們 call 一次 `print()` 方法，這個 count 的數量就要減一，表示已經印過一次了，所以實際的程式如下：

```
@Component
public class HpPrinter implements Printer {

    private int count;

    @Override
    public void print(String message) {
        count--;
        System.out.println("HP 印表機: " + message);
        System.out.println("剩餘使用次數: " + count);
    }
}
```

又因為我們有在這個 HpPrinter 上面加上 `@Component`，將它變成一個 Bean，所以 Spring Boot 到時候就會為我們創建一個 hpPrinter 的 Bean 出來，並且存放在 Spring 容器裡面。

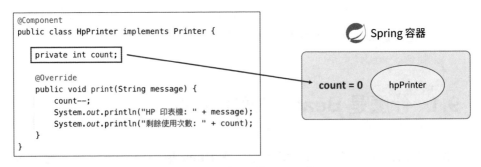

▲ 圖 9-1　未初始化 count 值

不過到目前為止，因為我們沒有去設定 Bean 的初始化，因此 Spring Boot 就只會去把這個 Bean 給創建出來，並不會為裡面的 count 值進行初始化，因此在這個 hpPrinter 中的 count 的值，就會是 0。

不過，如果我們想要讓 Spring Boot 在創建這個 hpPrinter 出來之後，同時也去為這個 count 變數賦予一個初始值的話，那麼我們就可以使用 @PostConstruct 來幫助我們達成這件事！

9.2 初始化 Bean 的方法：@PostConstruct

9.2.1 @PostConstrcut 用法介紹

@PostConstruct 的用途，就是「為這個 Bean 去進行初始化」，因此我們就可以透過 @PostConstruct，去設定這個 Bean 中的變數的初始值了。

所以如果我們想要改寫上面的 HpPrinter，將它裡面 count 變數的值「初始化」成 5 的話，那麼我們就可以這樣做：

首先我們先在 HpPrinter 裡面新增一個新的方法 initialize()，並且在這個方法上面，加上一行 @PostConstruct，這樣我們等一下就可以在這個方法中，去初始化 Bean 的值了。

```
@PostConstruct
public void initialize() {
    count = 5;
}
```

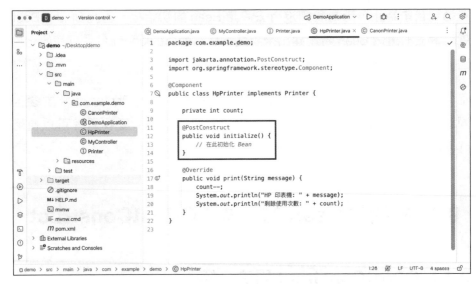

▲ 圖 9-2　在 HpPrinter 中實作 initialize() 方法一

像是我們可以在 `initialize()` 的方法中，去初始化這個 Bean 的值，譬如說可以把 count 的值設成 5 之類的，就可以將 count 的值初始化成 5。

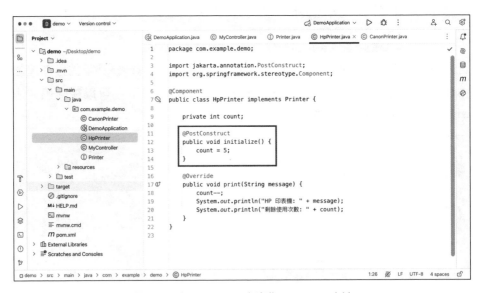

▲ 圖 9-3　在 HpPrinter 中實作 initialize() 方法二

所以到時候，當 Spring Boot 創建出這個 hpPrinter 的 Bean 時，Spring Boot
就會接著去執行這個 `initialize()` 方法，將 count 的值設定成 5，進而就可
以完成 Bean 的初始化了！

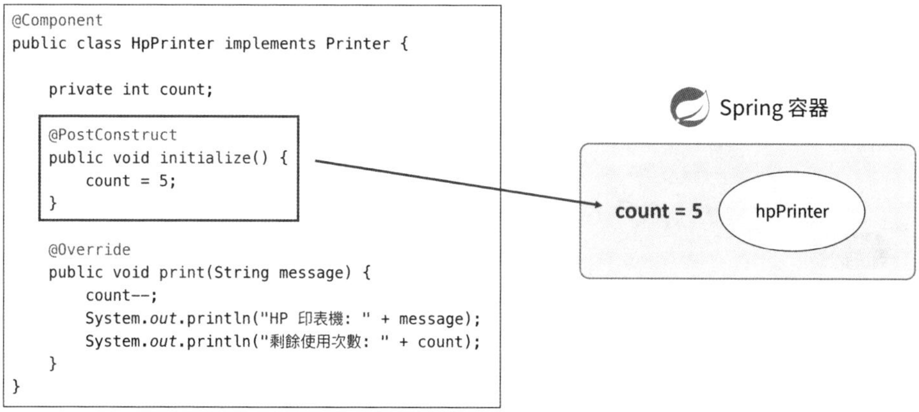

```java
@Component
public class HpPrinter implements Printer {

    private int count;

    @PostConstruct
    public void initialize() {
        count = 5;
    }

    @Override
    public void print(String message) {
        count--;
        System.out.println("HP 印表機: " + message);
        System.out.println("剩餘使用次數: " + count);
    }
}
```

Spring 容器

count = 5   hpPrinter

▲ 圖 9-4　初始化 count 的值成 5

9.2.2 使用 @PostConstruct 的注意事項之一：
　　　　方法有特定格式

在上面的實作中，當我們想要初始化 Bean 中的值時，我們要先在該 class
中，先去新增一個方法出來（像是 HpPrinter 中的 `initialize()` 方法），然
後再為這個方法加上 @PostConstruct，這樣子我們就可以在這個方法裡面，
去實作初始化 Bean 的程式了。

不過這個 `initialize()` 方法，其實也是有一些格式需要遵守的：

- 這個方法必須是 public
- 這個方法的返回值必須是 void
- 這個方法「不能」有參數
- 這個方法的名字可以隨意取，不影響 Spring Boot 運作

所以綜合以上四點的話，這個「初始化 Bean 的方法」，通常就會長得像是下面這個樣子：

```
public void XXX();
```

其中的方法名稱 `XXX()`，可以替換成大家喜歡的單字，常見的有 `setup()`、`init()`、`initialize()`……等等，這些單字都可以拿來使用，不會影響到 Spring Boot 的運作。

補充

Spring Boot 在判斷一個 Bean 中有沒有初始化的方法時，是「尋找有沒有方法加上 `@PostConstruct`，如果有的話，就執行該方法」，也因為如此，所以這個初始化的方法名稱對 Spring Boot 而言是完全不重要的，大家就選擇自己喜好的單字即可。

9.2.3 使用 @PostConstruct 的注意事項之二：在同一個 class 中，建議只有一個方法加上 @PostConstruct

由於當方法加上 `@PostConstruct` 之後，就會變成初始化該 Bean 的方法，因此假設在同一個 class 裡面，同時有多個方法都加上 `@PostConstruct` 的話，雖然 Spring Boot 程式仍舊是可以正常運行起來，但是我們無法知道 Spring Boot 會先執行哪一個方法去初始化 Bean，因此可能就會造成預期之外的錯誤，而且後續也不好統一管理初始化的設定。

因此就建議大家，在同一個 class 內，只在一個方法上加上 `@PostConstruct`，統一的去管理初始化 Bean 的設定，這樣子不管是在運作上、還是在後續的維護上，都是比較好的做法。

9.3 補充一：我們真的需要 @PostConstruct 嗎？

由於上面的例子比較簡單，所以有的人看到這裡可能會覺得：「為什麼我們不直接在宣告 count 變數的同時，把 count 值也設成 5 就好？」就像是下面這個樣子，直接在宣告 count 變數的同時，將它初始化成 5，這樣子就可以省去 `@PostConstruct` 的程式了。

▲ 圖 9-5　不使用 @PostConstruct 初始化 count 值

雖然在這個例子中，確實是可以透過上述的方式，簡單的將 count 值初始化成 5，但是在實際的工作中，`@PostConstruct` 的應用還是很廣泛的。

使用 `@PostConstruct` 來初始化的優勢，**就是 `@PostConstruct` 可以進行「複雜的初始化」**，譬如說在 map 變數裡生成初始化數據、或是取得注入的 Bean 的資訊、或者檢查注入的 Bean 是否為 null 值……等等，這些只能夠透過 `@PostConstruct` 做到，使用一般的簡單方式無法實作出這些效果。

因此在實務上，使用 `@PostConstruct` 來進行 Bean 的初始化仍舊是很常見的做法，建議大家還是要了解一下它的用法會比較好！

9.4 補充二：初始化 Bean 的另一種方法：afterPropertiesSet()

要初始化 Bean 的話，除了可以使用這篇文章所介紹的 `@PostConstruct` 之外，其實 Spring Boot 也是支援另一種方法去初始化 Bean 的。

另一種初始化 Bean 的方式，就是「實作 InitializingBean interface 裡面的 `afterPropertiesSet()` 方法」，用這種方式所實作出來的效果，和 `@PostConstruct` 的效果是一模一樣的。

不過因為實作 `afterPropertiesSet()` 方法算是比較舊的寫法，並且在實務上，也會建議大家盡量使用 `@PostConstruct` 來進行 Bean 的初始化，所以在本書中就不會特別介紹到這部分，大家有興趣的話，可以再上網查詢相關資料。

9.5 章節總結

這個章節我們介紹了要如何使用 `@PostConstruct`，去初始化 Spring Boot 所創建出來的 Bean，所以大家以後就可以使用 `@PostConstruct`，去對 Bean 進行初始化的設定了。

那麼下一個章節，我們就會延伸去介紹，要如何透過 `@Value`，將 Spring Boot 設定檔中的值讀取到 Bean 裡面，讓我們所寫的 Java 程式可以去運用 Spring Boot 設定檔中的值，那我們就下一個章節見啦！

10

讀取 Spring Boot 設定檔一 @Value、 application.properties

在前面的章節中,我們已經介紹完 Spring IoC 中最重要的概念了。所以在這個章節中,我們就會延伸去介紹,要如何透過 `@Value`,讀取 Spring Boot 設定檔中的值到 Bean 裡面,這也是實務上非常常用到的技巧,那我們就開始吧!

10.1　什麼是 Spring Boot 設定檔?

所謂的 Spring Boot 設定檔,是指放在 **src/main/resources** 資料夾底下的「**applicaiton.properties 檔案**」,而這個 application.properties 的目的,就是「存放 Spring Boot 程式的設定值」。

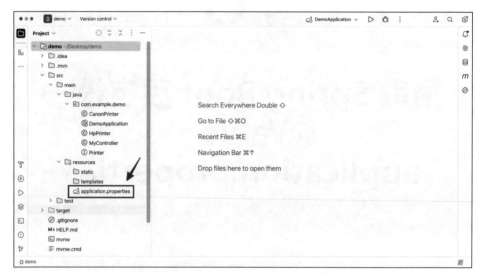

▲ 圖 10-1　Spring Boot 設定檔（application.properties 檔案）

所以以後只要聽到別人在說「Spring Boot 設定檔」，大家就要第一時間想到，他指的就是 application.properties 這個檔案。

大家如果點擊兩下打開 application.properties 的話，可以看到右邊有一行 `spring.application.name=demo` 的程式，這個是 IntelliJ 在創建 Spring Boot 專案時所自動生成的設定值。

這裡大家可以自由選擇要不要將 `spring.application.name=demo` 這一行設定刪掉（刪掉此設定不影響 Spring Boot 運作），如果不想刪除的話，也可以直接按下 Enter 鍵換行，這樣子就可以繼續在這個 application.properties 檔案中，去設定其它的設定值了。

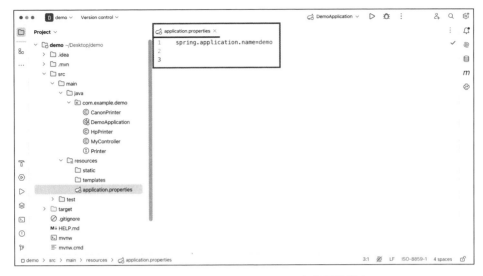

▲ 圖 10-2　application.properties 中的預設設定

補充

由於版面的關係,因此在下面的截圖中不會出現 `spring.application.name=demo` 的設定,只會專注在介紹本書教學的部分。

10.2　application.properties 的寫法

如果想要在 application.properties 中,添加 Spring Boot 的設定值的話,需要遵循一定的寫法格式才可以。

首先我們可以先觀察一下,**application.properties 是一個「檔名為 application、並且副檔名為 .properties」的檔案**。所以這就表示,這個 application.properties 檔案,是使用「**properties 語法**」來撰寫設定值的。

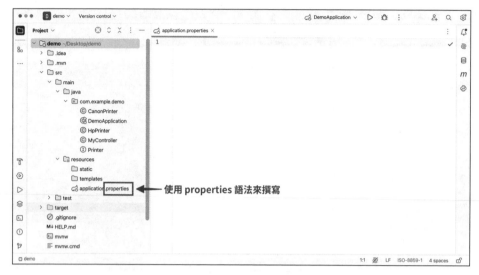

▲ 圖 10-3　application.properties 為 properties 語法撰寫

10.2.1　properties 語法介紹：key=value

而在 properties 的語法中，是使用 `key=value` 的格式來撰寫設定值，並且每一行程式，就是一組 key 和 value 的配對。

像是下面這個例子，我們就在第 1 行寫上了 `count=5`，所以這一行程式就是表示：我們定義了一個 key（它的名字是 count），並且這個 count 的 value 值是 5。

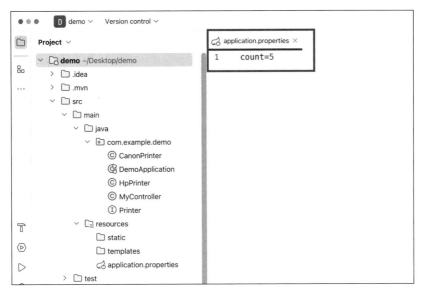

▲ 圖 10-4　properties 語法介紹一

所以大家其實可以把這個 `key=value` 的寫法，簡單想像成是變數 = 值的概念，在前面的 key 就等同於是 Java 中的變數名稱，而後面的 value 就是這個變數的值，所以 properties 語法的概念其實和 Java 是很相近的。

因此當我們在 application.properties 中，寫上了一行 `count=5` 的程式時，就表示我們定義了一個變數 count，然後它的值是 5 這樣，就是這麼的簡單暴力！

10.2.2　properties 語法的注意事項之一：不需要加上空白鍵排版

大概了解了 properties 語法的核心概念 `key=value` 的寫法之後，接著我們可以來看一些使用 properties 語法的注意事項。

當我們以前在寫 Java 程式的時候，習慣會在 `=` 的前後加上空白鍵，去做排版的美化，就會像是下面這個樣子：

```
// 美化前
int count=5;

// 加上空白鍵美化後
int count = 5;
```

不過在 properties 語法裡面，是「**不需要**」在 = 的前後加上空白鍵，去做排版的美化的，**只要全部連在一起寫就好**，多加空白鍵反而會導致程式運行時出現問題。

所以在 properties 語法裡面，建議就使用下面這種寫法，把你的空白鍵收起來，一路連字連到底就對了！

```
count=5
```

10.2.3 properties 語法的注意事項之二： key 中的 . 是表示「的」的概念

在前面我們有介紹到，properties 語法中是使用 `key=value` 來撰寫程式的，而 key 所代表的，就是變數的名字。

不過這個 key 在命名上，是允許在裡面帶上 `.` 符號的，並且這個 `.` 符號的邏輯意義，就是中文的「的」意思。

舉例來說，我們可以在 application.properties 裡面，在第 2 行寫上 `my.name=John` 的程式，而當我們這樣寫之後，`my.name` 這個 key 就是變數的名字，其中文意義是表示「我的名字」（因為 `.` 是表示「的」的意思）。

所以 `my.name=John` 這一整行的意思，就是「我的名字叫做 John」。

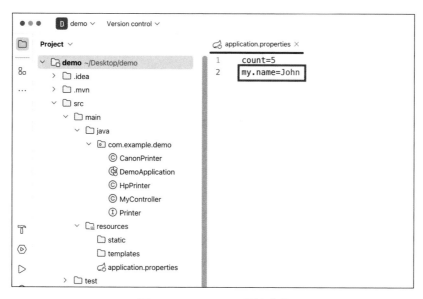

▲ 圖 10-5　properties 語法介紹二

或是我們也可以在下面再新增一行 `my.age=20` 的程式，而這一行程式所代表的，就是「我的年齡是 20 歲」的意思。

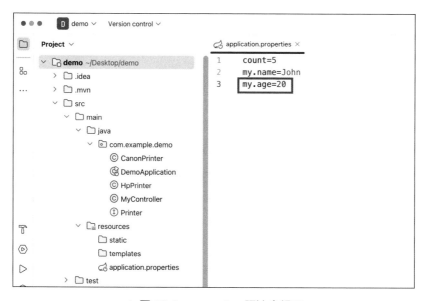

▲ 圖 10-6　properties 語法介紹三

所以大家以後在撰寫 properties 語法時，就可以將 key 中的 . ，翻譯成是中文的「的」的意思，所以我們就可以透過這種方式，去傳遞更豐富的邏輯意義出來了。

10.2.4 properties 語法的注意事項之三：使用 # 來表示 comment

在 properties 語法中，我們也是可以去添加 comment 的，只要在撰寫程式時，在最前面加上一個 # 的符號，那麼那一行就會被 properties 語法給忽略了（用法和 Java 中的 // 一樣）。

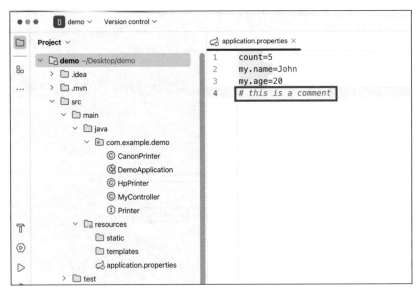

▲ 圖 10-7　properties 語法介紹四

10.3 讀取 application.properties 中的值：@Value

10.3.1 @Value 用法介紹

在了解了 Spring Boot 設定檔（也就是 application.properties 檔案）的用途、以及 properties 的語法 `key=value` 的寫法之後，接著我們進到這個章節的重頭戲，也就是介紹要如何透過 `@Value`，讀取 application.properties 中的設定值到 Bean 裡面。

這裡我們還是舉之前的 HpPrinter 的例子，所以我們可以先稍微改寫一下 HpPrinter 中的程式，將它改回下面這個樣子：

```
@Component
public class HpPrinter implements Printer {

    private int count;

    @Override
    public void print(String message) {
        count--;
        System.out.println("HP印表機: " + message);
        System.out.println("剩餘使用次數: " + count);
    }
}
```

在這段程式之中，HpPrinter 中的 count 變數沒有被初始化，因此 count 的值，就會是 Java 中的預設值 0。

```
@Component
public class HpPrinter implements Printer {

    private int count;     值為 0

    @Override
    public void print(String message) {
        count--;
        System.out.println("HP 印表機: " + message);
        System.out.println("剩餘使用次數: " + count);
    }
}
```

▲ 圖 10-8　HpPrinter 的 count 變數未添加 @Value 設定

但是如果我們在這個 count 的變數上面，去添加一行 `@Value("${count}")`
程式的話，這樣子就可以從 application.properties 中，去讀取 key 為
`count` 的值，並且將這個值賦予到 HpPrinter 中的 count 變數裡面。

```
@Component
public class HpPrinter implements Printer {

    @Value("${count}")
    private int count;

    @Override
    public void print(String message) {
        count--;
        System.out.println("HP 印表機: " + message);
        System.out.println("剩餘使用次數: " + count);
    }
}
```

▲ 圖 10-9　HpPrinter 的 count 變數已添加 @Value 設定

而又因為我們前面在 application.properties 檔案中，有在第 1 行寫上了
`count=5` 的設定。

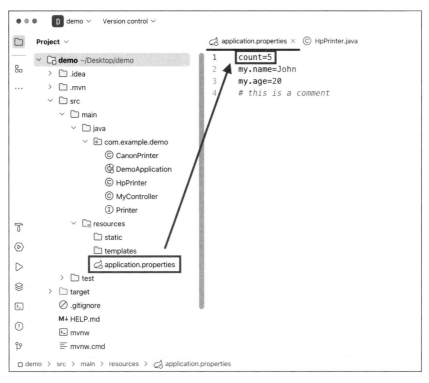

▲ 圖 10-10　application.properties 的 count 值設定

所以到時候 HpPrinter 中 count 變數的值，就會被設定成是 application.properties 中所定義的「5」了！

10.3.2　@Value 運行結果

因為這邊牽涉到比較多檔案，所以大家在這裡也可以運行一下 Spring Boot 程式，實際感受一下 `@Value` 的效果。

以目前的程式來說（記得將 MyController 的 `@Qualifier` 的值改回成 hpPrinter），只要大家運行起 Spring Boot 程式，並且請求 http://localhost:8080/test 之後，就會在 console 下方呈現下列的資訊。

其中之所以會輸出「剩餘使用次數：4」，就是因為 HpPrinter 中的 count 值被設定成 5 所導致的。

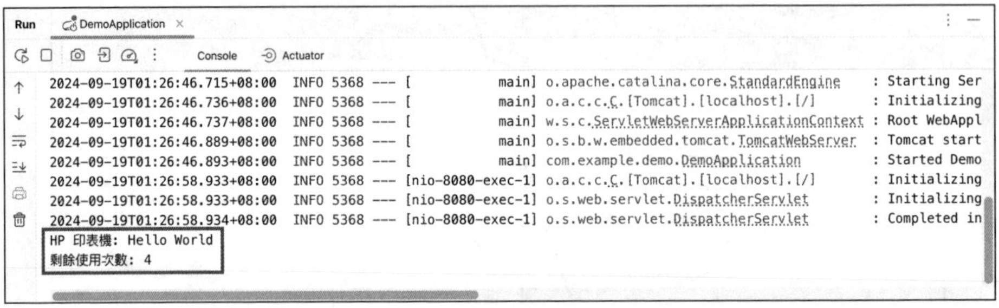

▲ 圖 10-11　Spring Boot 運行結果

大家有興趣的話，可以試著把 application.properties 中的 count 的值改成別的數字，譬如說改成 `count=100`，這樣子只要重新運行 Spring Boot 程式之後，輸出的「剩餘使用次數」，就會變成是 99 了。

所以透過這個運行結果，就表示我們就成功的透過 `@Value` 的用法，讀取 application.properties 中的值到 Bean 裡面了！

10.3.3　使用 @Value 的注意事項之一： 要遵守固定格式寫法

大概了解了 `@Value` 的用法之後，接著我們也來看一下使用 `@Value` 的一些注意事項。

在使用 `@Value` 去讀取 application.properties 中的值的時候，**一定要使用下面這種格式**，去撰寫 `@Value` 的程式：

```
@Value("${XXX}")
```

在這個格式中，其中 xxx 的部分，可以替換成 application.properties 中的任意一個 key，但是外層的 `"${}"` 是不能夠省略的，因此它在寫法上會稍微複雜一點。

所以這裡也建議大家，以後要使用 `@Value` 去讀取值時，就直接複製貼上這段程式，後續再去改裡面 xxx 的值即可。

舉例來説，假設我們想要讀取 application.properties 中 printer.count 這個key：

```
printer.count=100
```

那麼在使用 `@Value` 去讀取時，直接把後面的 xxx 替換成 `printer.count` 就可以了。所以就會變成是：

```
@Value("${printer.count}")
private int count;
```

因此透過上述的寫法，我們就可以使用 `@Value`，讀取 application.properties 中的設定值到 Bean 裡面了！

10.3.4 使用 @Value 的注意事項之二：@Value 只有在 Bean 和 @Configuration 中才能生效

只要是有使用到 `@Value` 的地方，該 class 本身就得是一個 Bean、或是一個帶有 `@Configuration` 的設定 class，這樣子 `@Value` 才能夠真的生效。

所以當大家在使用 `@Value` 時，當你覺得你的程式明明寫得很對，但是不知道為什麼卻沒有作用時，這時候就可以回頭檢查，是不是因為這個 class 還沒變成 Bean，所以 `@Value` 才會毫無作用。

因此發生這種情況時，大家就只要在 class 上面加上一個 `@Component`，將這個 class 變成一個 Bean，這樣子就可以確保 `@Value` 能真正生效了！

>
>
> `@Value` 除 了 在 Bean 中 能 生 效 之 外 ， 在 那 些 帶 有 `@Configuration`
> 的 class 中 也 是 能 生 效 的 ， 不 過 因 為 在 本 書 中 不 會 特 別 介 紹 到
> `@Configuration` 的 用 法 ， 所 以 大 家 可 以 先 忽 略 這 部 分 沒 關 係 。

10.3.5 使用 @Value 的注意事項之三：類型需要一致

在使用 `@Value` 去讀取 application.properties 中的值的時候，添加 `@Value` 的
Java 變數，它的變數類型必須要和 application.properties 中的類型一致才可
以。

舉例來說，假設在 application.properties 裡面，我們定義了一組 key 和 value
如下：

```
printer.count=5
```

上面這行程式，是表示 `printer.count` 的值為 5，而 5 這個數字，就暗示了
它的類型是「整數」。

因此在 Spring Boot 的程式中，我們就必須將 `@Value` 加在「int 或是 long 類
型」的變數上，這樣子到時候 `@Value` 在讀取值時，才不會出現問題。

```
@Value("${printer.count}")
private int count;
```

又或是說，假設我們在 application.properties 裡面定義了另一組 key 和 value
如下：

```
my.name=John
```

上面這行程式，是表示 `my.name` 的值為 John，而 John 這個單字，就暗示了它的類型是「字串」。

因此在 Spring Boot 的程式中，我們就必須將 `@Value` 加在「String 類型」的變數上，這樣子到時候 `@Value` 在讀取值時，也才不會出現問題。

```
@Value("${my.name}")
private String name;
```

10.3.6 使用 @Value 的注意事項之四：@Value 可以設定預設值

在使用 `@Value` 去讀取 application.properties 中的值的時候，有可能會發生一種情況，就是「該 key 不存在 application.properties 裡面」的情形出現。

像是如果我們在 Spring Boot 程式中，寫上了下面這一段程式，嘗試去讀取 application.properties 中 `printer.count` 的值，將它儲存到 count 變數裡面：

```
@Value("${printer.count}")
private int count;
```

如果這時候 application.properties 中「沒有」`printer.count` 這個 key 的話，那麼 Spring Boot 程式就會運行失敗，並且出現「Could not resolve placeholder 'printer.count' in value "${printer.count}"」的錯誤，表示找不到 `printer.count` 這個 key，所以才會導致運行失敗。

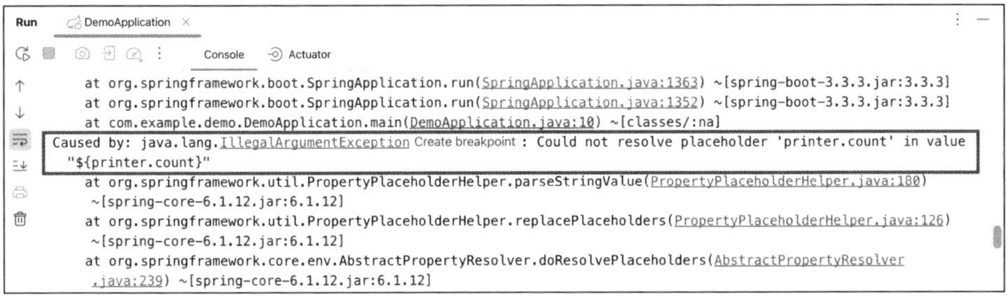

▲ 圖 10-12　Spring Boot 運行失敗的錯誤訊息

如果大家想要避免這個問題的話，`@Value` 也有提供另一種輔助方式可以讓我們使用的，也就是「設定預設值」。

像是我們可以在撰寫 `@Value` 程式的時候，在 key 的後面加上一個 `:`，並且在後面寫上想要的預設值，譬如說這裡我們寫上 200：

```
@Value("${printer.count:200}")
private int count;
```

所以上面這一段程式的意思就是：`@Value` 會先去 application.properties 中查詢有沒有 `printer.count` 這個 key，如果有的話，就讀取 application.properties 中的值到 count 變數裡面；如果沒有的話，則將 count 變數的值設定成預設值 200。

因此當我們這樣寫之後，如果在 application.properties 中「有設定」`printer.count` 的值的話（如下方程式所示），那麼 Spring Boot 程式中的 count 變數的值，就會是 5。

```
printer.count=5
```

但是如果我們在 application.properties 中，「沒有設定」`printer.count` 的值的話（如下方程式所示），那麼 Spring Boot 程式中 count 變數的值，就會是 `@Value` 所設定的預設值 200。

```
# no key-value
```

所以總結來說的話，如果想要避免 Spring Boot 程式運行失敗，那麼就可以在 `@Value` 中使用 `:`，在後面加上預設值，這樣子當 application.properties 中找不到該 key 時，就可以直接改成使用預設值來運行。

補充

不過老實説，`@Value` 的預設值的用法其實是有好有壞，因為當我們使用了 `@Value` 的預設值之後，就會讓設定值四散在各個 class 裡面，後續會比較難統一進行管理，因此建議大家斟酌使用。

10.3.7　小結：所以，**@Value** 到底要如何使用？

因為 `@Value` 的注意事項比較多，所以我們也可以來總結一下 `@Value` 的用法和注意事項到底有哪些。

想要使用 `@Value` 去讀取 Spring Boot 設定檔（也就是 application.properties 檔案）中的值的話，必須注意以下事項：

- 必須使用固定格式 `@Value("${XXXX}")`
- 該 class 必須是 Bean 或是 `@Configuration`
- 「Java 中的變數」和「application.properties 中的 key」，它們的類型必須要一致
- 可以視情況添加預設值

只要注意好上述這些地方，大家就可以自由運用 `@Value`，在 Spring Boot 程式中去讀取 application.properties 中的值了！

10.4　補充一：Spring Boot 設定檔的兩種語法（properties 和 yml）

在前面我們有介紹到，Spring Boot 的設定檔，指的就是「application.properties」這個檔案，而 application.properties 裡面所放的，就是 Spring Boot 程式的設定值。

而在 Spring Boot 中，其實有支援 properties 和 yml 這兩種語法，它們都能拿來撰寫 Spring Boot 的設定。

舉例來說：

- 當 Spring Boot 設定檔「命名成 application.properties」時，就表示它是使用 properties 語法來撰寫，因此格式是 `key=value`。
- 當 Spring Boot 設定檔「命名成 application.yml」時，就表示它是使用 yml 語法來撰寫，格式則為 `key:value`。

所以在 Spring Boot 程式裡面，application.properties 和 application.yml 這兩個檔案，它們都可以作為 Spring Boot 的設定檔，去儲存相關的設定值，差別只在於它們使用了不同的語法來撰寫而已。

不過在 Spring Boot 中，**我們一次只能夠選擇一種語法來撰寫**，所以換句話說，**就是 application.properties 和 application.yml 這兩個檔案，不能同時存在，只能擇一使用**，這點要麻煩大家再留意一下。

> **補充**
>
> 我個人是比較喜歡使用 application.properties，而不是 application. yml，因為 yml 語法寫起來感覺比較容易出錯（不小心動到縮排就毀了），但是這兩種用法都是可以的，在實務上也是兩種用法都會看到，所以大家選擇自己喜歡的格式就可以了。

10.5 補充二：**yml** 的語法介紹

在前面我們有詳細介紹了 properties 語法的用法，在這裡我們也來補充一些 yml 語法的寫法，提供給大家參考。

10.5.1 **key:value**

不同於 properties 語法，在 yml 語法中是採用 `key: value` 的方式來撰寫設定值。這裡要注意在 `:` 的後面，必須要先加上一個空白鍵，然後才能寫上 value 值，這個是在撰寫 yml 語法的時候，要特別留意的地方。

```
count: 5
```

10.5.2 用「縮排」表示中文的「的」的概念

在 yml 中，除了使用會 `key: value` 來撰寫設定值之外，同時 yml 也會使用「縮排」的方式，來表示中文「的」的概念。

像是在 properties 語法中，當我們寫了下面這行程式時，它的中文意義是表示「我的名字叫做 John」（因為在 properties 語法中的 `.`，就是表示中文的「的」意思）。

```
my.name=John
```

但是在 yml 中，則是會改寫成下面這個樣子，也就是「**將 name 這一行往右縮排兩個空白鍵**」，用來表示中文的「的」意思。

```
my:
  name: John
```

所以上面這一段程式讀起來，一樣也是「我的名字是 John」，只是 yml 是透過縮排的方式來表達，而 properties 是使用 . 的方式來表達而已。

10.5.3 小結：properties 和 yml 的差別

所以比較一下 properties 語法和 yml 語法的差別的話，基本上它們在 key 和 value 的寫法大同小異，但就是「縮排」的概念需要轉換一下，這部分就是大家在實作上，要特別注意的細節。

下圖也比較了 properties 語法和 yml 語法的差別，提供給大家參考：

▲ 圖 10-13　properties 語法和 yml 語法的比較

10.6　章節總結

這個章節我們先介紹了什麼是 Spring Boot 設定檔（application.properties 檔案）、以及 properties 語法的使用方法，並且我們也介紹了要如何使用 `@Value`，去讀取 application.properties 中的值到 Bean 裡面。

那麼到這裡為止，有關於 Spring IoC 的介紹就告一個段落了，在這個 Spring IoC 的部分中：

- 我們介紹了什麼是 IoC、DI。
- 也介紹了什麼是 Spring 容器、什麼是 Bean。
- 並且也有實際到 Spring Boot 中，練習了 `@Component`、`@Autowired`、`@Qualifier` 以及 `@PostConstruct` 這些註解的用法，去對 Bean 進行創建、注入以及初始化。
- 最後也介紹了要如何透過 `@Value`，讀取 application.properties 中的值到 Bean 裡面。

所以透過「第 5 章～第 10 章」的介紹，我們就介紹完 Spring IoC 的部分了，雖然這些內容沒辦法涵蓋 Spring IoC 的全貌，不過作為入門來說，算是已經非常足夠的了！

那麼從下一個章節開始，我們就會來了解 Spring 框架中另一個也很重要的特性，就是 AOP，那我們就下一個章節見啦！

Note

PART 3

Spring AOP 介紹

Spring AOP 簡介

在前面的章節中,我們有介紹了 Spring IoC 的特性,先讓大家了解要如何在 Spring Boot 創建、注入以及初始化 Bean,為後續的章節打穩基礎。

那麼從這個章節開始,我們就會來介紹 Spring 框架中另一個也很重要的特性,也就是 AOP,所以我們就開始吧!

11.1　什麼是 Spring AOP ?

AOP 的全名是 Aspect-OrientedProgramming,中文翻譯成「切面導向程式設計」或是「剖面導向程式設計」,**而 AOP 的概念,就是「透過切面,統一的去處理方法之間的共同邏輯」。**

這個「切面」聽起來可能有點抽象,所以我們就先透過一個例子,介紹一下 AOP(切面導向程式設計)到底是什麼。

AOP = Aspect-Oriented Programming

切面　　　導向　　　程式設計

▲ 圖 11-1　AOP 的全名是 Aspect-Oriented Programming

11.1.1　例子：測量時間的故事

假設我們有一個 HpPrinter，並且在這個 HpPrinter 裡面只有一個 `print()` 方法，會在 console 上印出傳進來的參數：

```java
@Component
public class HpPrinter implements Printer {

    @Override
    public void print(String message) {

        System.out.println("HP 印表機: " + message);



    }
}
```

▲ 圖 11-2　HpPrinter 的基礎實作

如果我們想要測量一下「執行 `print()` 方法需要花費多久時間」的話，那麼最簡單的做法，就是直接在這個方法的最前面和最後面，分別去記錄開始時間和結束時間，最後再將這兩個時間相減，就可以去計算出 `print()` 方法總共執行多久了。

```
@Component
public class HpPrinter implements Printer {

    @Override
    public void print(String message) {
        Date start = new Date();

        System.out.println("HP 印表機: " + message);

        Date end = new Date();
        long time = end.getTime() - start.getTime();
        System.out.println("總共執行了 " + time + " ms");
    }
}
```

記錄開始時間 ──→ `Date start = new Date();`

記錄結束時間 ──→ `Date end = new Date();`
計算總共執行多久 ──→ `long time = end.getTime() - start.getTime();` `System.out.println("總共執行了 " + time + " ms");`

▲ 圖 11-3　在 HpPrinter 前後添加測量時間的程式

不過，雖然透過上面的寫法，是可以測量出 `print()` 方法的運作時間沒錯，但是大家如果觀察一下這段程式的話，就可以發現在這個 `print()` 方法裡面，充斥了許多跟「印東西」這個功能無關的程式。

原本這個 `print()` 方法，它本來要做的事情，就只是在 console 上面輸出「HP 印表機：……」這一行資訊而已，但是因為我們想要測量 `print()` 方法的執行時間，所以加了很多不相關的程式進去，進而讓這個方法變得很複雜，不利於後續的程式維護。

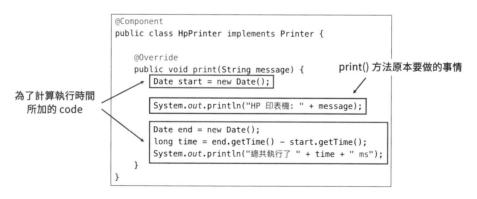

▲ 圖 11-4　HpPrinter 變得越來越複雜

而且上面這樣子的寫法，也有可能產生「過多程式重複」的問題。

譬如說我們在 HpPrinter 中多新增了一個方法 `printColor()`，然後也想要去測量這個 `printColor()` 方法的時間的話，那我們就得從 `print()` 方法中複製所有測量時間的程式，然後貼到 `printColor()` 方法裡面。

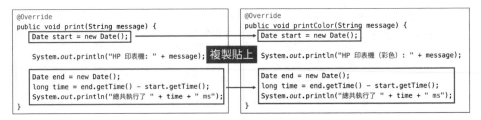

▲ 圖 11-5　複製貼上測量時間的程式

現在只有這兩個方法要測量時間，所以這樣的複製貼上大家可能覺得還好，但是假設有非常多方法都需要測量執行時間時，這樣子的複製貼上就不會是一個好選項。

所以為了解決這個問題，Spring AOP 就登場了！

11.1.2　透過 AOP（切面）來輔助

我們可以來用一張圖來看一下，Spring AOP 是如何解決上面那個複製貼上的問題的。

如果我們把剛剛的 HpPrinter 畫成圖的話，就可以畫成下面這個樣子：

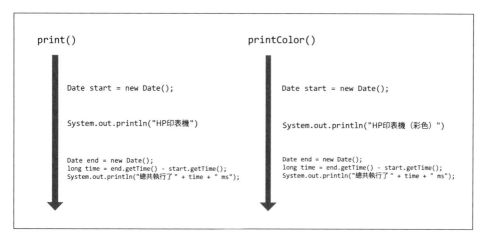

▲ 圖 11-6　HpPrinter 的方法實作

上圖中呈現了 HpPrinter 中的兩個方法：`print()` 和 `printColor()`，每一個箭頭代表的是一個方法，而箭頭右邊的程式，就是這個方法裡面所寫的程式。

在這張圖中可以看到，在這兩個方法裡面，一開始都會去記錄方法的開始時間，接著去執行「印東西」的程式，最後再去記錄方法的結束時間，以及計算總共執行多久。

所以這時候，Spring AOP 就提出一個想法了，既然這些測量時間的程式是每個方法都要使用的共同邏輯，**那我們就把這些共同邏輯的程式，去獨立出來成一個「切面」，由這個切面去橫貫所有的方法，替它們做測量時間的部分。**

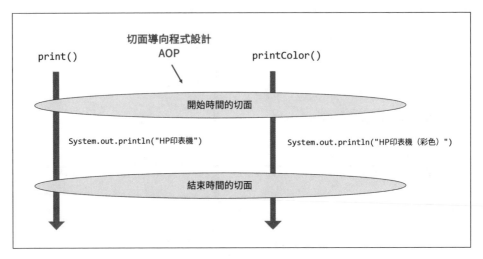

▲ 圖 11-7　Spring AOP 概念圖

因此當我們使用了 Spring AOP 之後，就不用在方法裡面再去寫上任何測量時間的程式了！我們**只要將測量時間的共同邏輯，統一的交給切面去做處理**，這個切面會去橫貫所有的方法，分別去測量每一個方法的執行時間，所以每個方法就只要專注在各自要做的事情就好。

這種使用「切面」的寫法，就被稱為 AOP，也就是 Aspect-Oriented Programming（切面導向程式設計）了！

11.2　Spring AOP 的定義

大概了解了 Spring AOP 的概念之後，我們也可以回頭來看一下 AOP 的定義。

AOP 的全名是 Aspect-Oriented Programming，中文翻譯成「切面導向程式設計」或是「剖面導向程式設計」，而 **AOP 的概念，就是「透過切面，統一去處理方法之間的共同邏輯」**。

因此當我們使用了 AOP 之後，就再也不用去複製貼上程式了，我們只需要在切面中寫好測量時間的程式，之後就可以在任何地方去使用這個切面，讓這個切面替我們完成測量時間的功能了，太讚啦！

11.3 章節總結

這個章節我們先透過測量時間的例子，介紹了 Spring AOP 的原理，希望能讓大家更容易理解 Spring AOP 的概念是什麼（切面真是一個神奇的東西）。

那麼下一個章節，我們就會實際到 IntelliJ 中，練習要如何在 Spring Boot 程式中實作 Spring AOP，那我們就下一個章節見啦！

Note

CHAPTER

12

Spring AOP 的用法—
@Aspect

在上一個章節中，我們先介紹了 Spring AOP 的原理，讓大家先對 Spring AOP 有一個初步的認識。

那麼這個章節，我們就會接著來介紹，要如何在 Spring Boot 中使用 Spring AOP 的功能。

補充

目前在實務上，其實已經不太會直接實作 Spring AOP 的程式了，所以本章節的內容建議大家有個印象就好，等到將來真的有需要實作 Spring AOP 時，再回頭來查看本章節的 `@Aspect` 用法即可。

12.1　回顧：什麼是 Spring AOP ？

在上一個章節中有提到，AOP 的全名是 Aspect-Oriented Programming，中文翻譯為「切面導向程式設計」或是「剖面導向程式設計」，**而 AOP 的概念，就是「透過切面，統一去處理方法之間的共同邏輯」。**

因此當我們使用了 AOP 之後，就再也不用去複製貼上程式了，我們只需要在切面中寫好測量時間的程式，之後就可以在任何地方去使用這個切面，讓這個切面替我們完成測量時間的功能了。

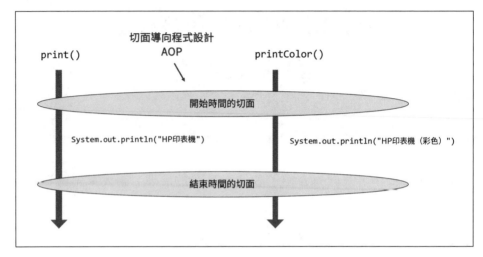

▲ 圖 12-1　Spring AOP 概念圖

12.2　在 pom.xml 中載入 Spring AOP 的功能

如果想要在 Spring Boot 中使用 Spring AOP 的功能的話，首先會需要在 pom.xml 檔案中新增下列的程式，這樣才能將 Spring AOP 的功能給載入進來，後續我們才能夠在 Spring Boot 中使用 Spring AOP 所提供的相關註解。

所以大家可以先打開左邊側邊欄中的 pom.xml 檔案，然後在第 25 行～第 28 行處，添加下面的程式：

```
<dependency>
    <groupId>org.springframework.boot</groupId>
    <artifactId>spring-boot-starter-aop</artifactId>
</dependency>
```

添加好上述的程式之後,此時在 pom.xml 的右上角會出現一個 M 符號,
這時記得要點擊一下 M 符號,才能夠成功更新這個 Spring Boot 程式,把
Spring AOP 的功能給載入進來。

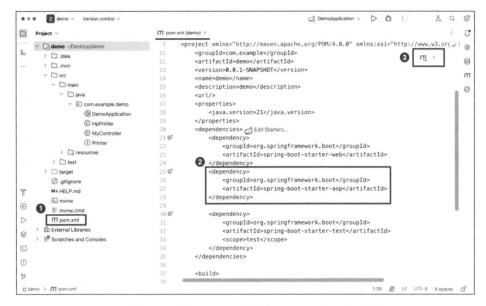

▲ 圖 12-2　在 pom.xml 中載入 Spring AOP 的功能

載入好 Spring AOP 的功能之後,接下來我們就可以在 Spring Boot 中使用
Spring AOP 專屬的註解,去實作一個 AOP 的切面出來了!

12.3　創建切面的方法:**@Aspect**

如果想要使用 Spring AOP 去創建一個新的切面出來的話,我們就只要在
class 上面,去加上一個 @Aspect 的註解,這樣子就可以成功創建一個切面
出來了。

譬如說我們可以先創建一個新的 class 叫做 MyAspect，然後在上面加上 `@Aspect`，這樣就可以將 MyAspect 變成是一個切面了。

```
@Aspect
@Component
public class MyAspect {

}
```

▲ 圖 12-3　MyAspect 切面的基本實作

不過在使用 `@Aspect` 去創建新切面時，有一點一定要特別注意，**就是只有 Bean 才可以變成一個切面**。

所以換句話說，在使用 `@Aspect` 創建新的切面時，同時也必須要使用 `@Component`，將這個 class 變成是一個 Bean，這樣子 `@Aspect` 的切面設定才會真的生效！如果單純只是在 class 上面加上 `@Aspect` 的話，是不會有任何效果的。

所以大家一定要記得，「`@Component` 和 `@Aspect` 要一起使用」就對了。

12.4　在切入點方法「執行前」執行切面：@Before

創建好 MyAspect 這個切面 class 之後，我們就可以在這個 class 裡面，去撰寫切面的方法了。

舉例來說，我們可以在 MyAspect 裡面，先寫上一個 `before()` 方法，然後在這個 `before()` 方法裡面，輸出一行「I'm before」的訊息到 console 上。

```
@Aspect
@Component
public class MyAspect {


    public void before() {
        System.out.println("I'm before");
    }
}
```

▲ 圖 12-4　MyAspect 的 before() 方法實作一

接著，我們只要在這個 `before()` 方法上面，加上一個 `@Before`，並且在後面的小括號中，去指定想要的切入點，這樣子就可以在這個切入點的方法「執行前」，去執行 MyAspect 中的 `before()` 方法了。

```
@Aspect
@Component
public class MyAspect {

    @Before("execution(* com.example.demo.HpPrinter.*(..))")
    public void before() {
        System.out.println("I'm before");
    }
}
```

▲ 圖 12-5　MyAspect 的 before() 方法實作二

不過看到這裡，大家可能還是會對 `@Aspect` 和 `@Before` 的用法有點疑惑，所以接下來我們可以再試著來拆解一下這段程式，了解要如何解讀這些 AOP 的程式。

12.5 如何解讀 AOP 程式？

到目前為止，我們已經有在 MyAspect 裡面，先寫上了一個 `before()` 方法，並且在這個 `before()` 方法的上面，也有去加上了一個 `@Before` 的註解，完成這個切面的實作。

其實上面這一段程式，它是可以拆成三個步驟來解讀的：

12.5.1 步驟一：先閱讀 @Before 後面的小括號中的程式

在 `@Before` 後面的小括號中的程式，稱為「切入點（Pointcut）」，即是去指定哪個方法要被切面所切。

舉例來說，假設我們想要測量的是「HpPrinter 中的所有方法」的時間，那麼 HpPrinter 中的所有方法，就是切入點（Pointcut）。

所以在這一段程式中，在 `@Before` 後面的小括號中的程式，即是去指定「切入點（Pointcut)」，表示我們想要使用這個 MyAspect 的切面，去切哪些方法。

```
@Aspect
@Component                         1. 我們指定的方法 A
public class MyAspect {

    @Before("execution(* com.example.demo.HpPrinter.*(..))")
    public void before() {
        System.out.println("I'm before");
    }
}
```

▲ 圖 12-6 解讀 AOP 的步驟一

12.5.2　步驟二：查看前面的 AOP 註解是什麼

確認好了切入點之後，接著就是查看前面所加上的 AOP 註解是什麼。

像是在這個例子中，我們所加上的就是 `@Before` 註解，而 `@Before` 的用途，就是表示要在切入點「執行前」，去執行 `@Before` 下面的方法（也就是 `before()` 方法）。

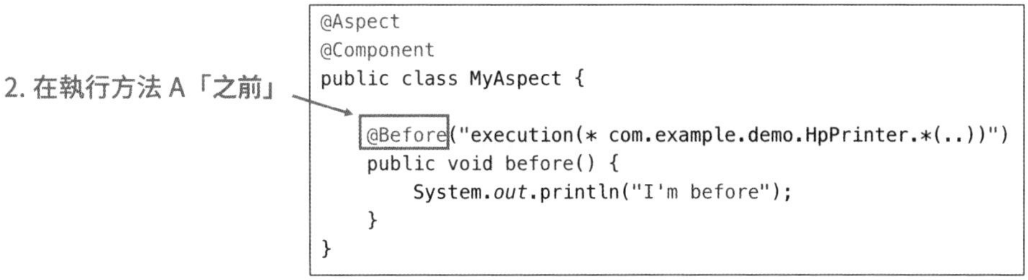

2. 在執行方法 A「之前」

```
@Aspect
@Component
public class MyAspect {

    @Before("execution(* com.example.demo.HpPrinter.*(..))")
    public void before() {
        System.out.println("I'm before");
    }
}
```

▲ 圖 12-7　解讀 AOP 的步驟二

所以簡單來說，前面的這個 `@Before`，它指定的就是「**時機點**」，而 `@Before` 的時機點，就是在切入點的方法「**執行前**」執行。

所以在步驟二這裡，就是去確認「切面方法執行的時機點」。

補充

除了 `@Before` 之外，AOP 也有提供其他不同時機點的註解給我們使用，像是 `@After` 和 `@Around`，本章後面也會介紹這兩個註解給大家。

12.5.3　步驟三：實作要執行的切面方法

當我們確認好「切入點」和「時機點」之後，最後就可以在下面的 `before()` 方法中去實作切面的程式。

像是在這一段程式中，我們就只有在 `before()` 方法裡面寫上一行程式，去輸出「I'm before」的資訊到 console 上。

```
@Aspect
@Component
public class MyAspect {

    @Before("execution(* com.example.demo.HpPrinter.*(..))")
    public void before() {
        System.out.println("I'm before");
    }
}
```

3. Spring Boot 先去執行這個 before() 方法

▲ 圖 12-8　解讀 AOP 的步驟三

12.5.4　小結：解讀 AOP 程式的三個步驟

所以綜合上述的三個步驟，我們就可以去解讀這一段 AOP 程式的含義是什麼了！

- 步驟一：指定了「切入點」為「HpPrinter 中的所有方法」
- 步驟二：在切入點的方法「執行之前」
- 步驟三：執行下面的 `before()` 方法

因此最後的結果，就會長得像是下圖這樣：

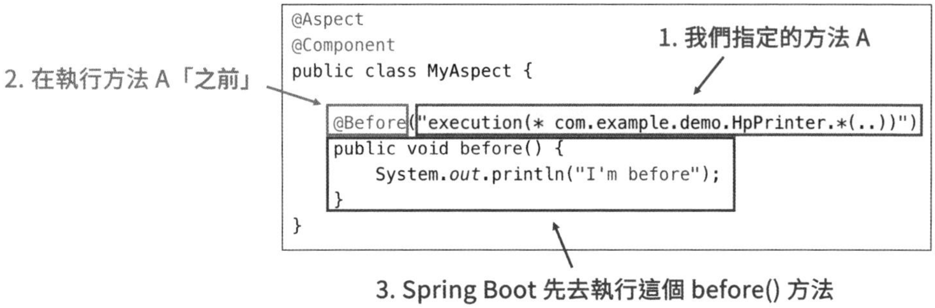

▲ 圖 12-9 綜合解讀 AOP 的三個步驟

12.6 在 Spring Boot 中練習 @Aspect 和 @Before

看完了上述對 `@Aspect` 和 `@Before` 的介紹之後，我們也可以實際到 Spring Boot 程式中來練習這些程式，實際的去感受一下 Spring AOP 的「切面」到底是如何運作的。

首先我們先把之前所實作的 HpPrinter 給刪減一下，將 count 變數的相關程式刪掉，只留下輸出「HP 印表機：……」的程式即可。

```java
@Component
public class HpPrinter implements Printer {

    @Override
    public void print(String message) {
        System.out.println("HP 印表機: " + message);
    }
}
```

接著同樣是在 com.example.demo 這個 package 底下，我們去創建一個新的
MyAspect class 出來，並且在裡面添加下列的程式：

```
@Aspect
@Component
public class MyAspect {

    @Before("execution(* com.example.demo.HpPrinter.*(..))")
    public void before() {
        System.out.println("I'm before");
    }
}
```

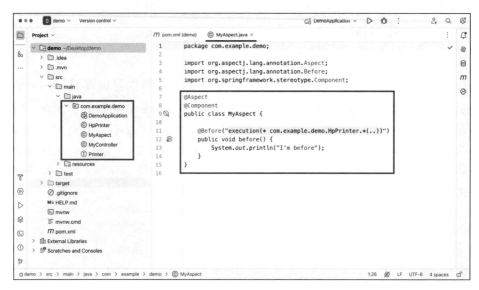

▲ 圖 12-10　MyAspect 的程式實作

接著只需要確保 MyController 中有注入 HpPrinter 進來，並且會去執行
`print()` 方法，這樣子就可以了。

```
package com.example.demo;

import org.springframework.beans.factory.annotation.Autowired;
import org.springframework.web.bind.annotation.RequestMapping;
import org.springframework.web.bind.annotation.RestController;

@RestController
public class MyController {

    @Autowired
    private Printer printer;

    @RequestMapping("/test")
    public String test() {
        printer.print("Hello World");
        return "Hello World";
    }
}
```

▲ 圖 12-11　MyController 的程式實作

實作完程式之後，接著就運行 Spring Boot 程式。等到 Spring Boot 運行成功
之後，大家可以打開瀏覽器訪問 http://localhost:8080/test，這樣子就會跟前
面的章節一樣，都是在瀏覽器中出現一個「Hello World」字串。

▲ 圖 12-12　瀏覽器運行結果

而這時候回到 IntelliJ 上的話，就可以看到在 console 中，多出現了兩行資訊，分別是「I'm before」以及「HP 印表機：Hello World」。

所以這就表示，在 Spring Boot 執行 HpPrinter 的 `print()` 方法前，Spring AOP 就先去執行了 MyAspect 中的切面方法 `before()`，因此才會使得「I'm before」比「HP 印表機：Hello World」還要早輸出到 console 上。

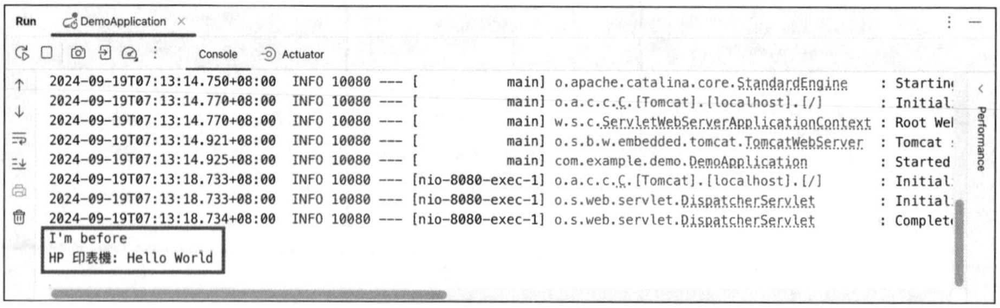

```
Run      DemoApplication  ×                                                                              ⋮  —
  ↻  ☐  📷  🗗  ⚲  ⋮      Console    →○ Actuator
↑    2024-09-19T07:13:14.750+08:00  INFO 10080 --- [          main] o.apache.catalina.core.StandardEngine    : Startin
↓    2024-09-19T07:13:14.770+08:00  INFO 10080 --- [          main] o.a.c.c.C.[Tomcat].[localhost].[/]        : Initial
⇥    2024-09-19T07:13:14.770+08:00  INFO 10080 --- [          main] w.s.c.ServletWebServerApplicationContext : Root Wel
⇤    2024-09-19T07:13:14.921+08:00  INFO 10080 --- [          main] o.s.b.w.embedded.tomcat.TomcatWebServer   : Tomcat
     2024-09-19T07:13:14.925+08:00  INFO 10080 --- [          main] com.example.demo.DemoApplication          : Started
🖶    2024-09-19T07:13:18.733+08:00  INFO 10080 --- [nio-8080-exec-1] o.a.c.c.C.[Tomcat].[localhost].[/]        : Initial
🗑    2024-09-19T07:13:18.733+08:00  INFO 10080 --- [nio-8080-exec-1] o.s.web.servlet.DispatcherServlet         : Initial
     2024-09-19T07:13:18.734+08:00  INFO 10080 --- [nio-8080-exec-1] o.s.web.servlet.DispatcherServlet         : Complet
     I'm before
     HP 印表機: Hello World
```

▲ 圖 12-13　Spring Boot 程式運行結果

因此透過這個例子，大家就可以體會到 Spring AOP 的強大功能了！有了 Spring AOP 之後，我們就可以在任意的時機點，去執行切面的程式，這樣子就可以把共同邏輯給拆分出來，統一的寫在切面中進行管理了。

所以透過 Spring AOP 的幫助，就可以達到程式的重複利用，並且也可以讓各個 class 更加專注在處理它自己的功能，而不是添加一堆不相關的程式了。

12.7　其他時機點的用法：@After、@Around

在 Spring AOP 中，除了可以使用 `@Before`，達到在方法「執行前」執行切面之外，我們也是可以將 `@Before` 替換成 `@After` 或是 `@Around`，在不同的時機點去執行切面的。

在 Spring AOP 裡面，有三種時機點可以選擇：

- @Before：在方法「執行前」執行切面
- @After：在方法「執行後」執行切面
- @Around：在方法「執行前」和「執行後」，執行切面

12.7.1 @After 的用法

`@After` 的寫法和 `@Before` 一模一樣，所以只要把 `@Before` 替換成 `@After`，這樣子就可以了。所以實際使用起來會是下面這個樣子：

```
@Aspect
@Component
public class MyAspect {

    @After("execution(* com.example.demo.HpPrinter.*(..))")
    public void after() {
        System.out.println("I'm after");
    }
}
```

12.7.2 @Around 的用法

`@Around` 因為寫起來比較複雜，因此此處僅提供程式給大家參考，如果大家有興趣，可以再上網搜尋 `@Around` 的相關介紹。

```
@Aspect
@Component
public class MyAspect {

    @Around("execution(* com.example.demo.HpPrinter.*(..))")
    public Object around(ProceedingJoinPoint pjp) throws Throwable {
        System.out.println("I'm around before");
```

```
    // 執行切入點的方法，obj 為切入點方法執行的結果
    Object obj = pjp.proceed();

    System.out.println("I'm around after");
    return obj;
    }
}
```

12.8　補充一：切入點（Pointcut）如何撰寫？

在前面的程式中，我們有在 `@Before` 後面的小括號中，加上一段看起來很長的程式，那一段程式就是在指定方法的切入點為何。

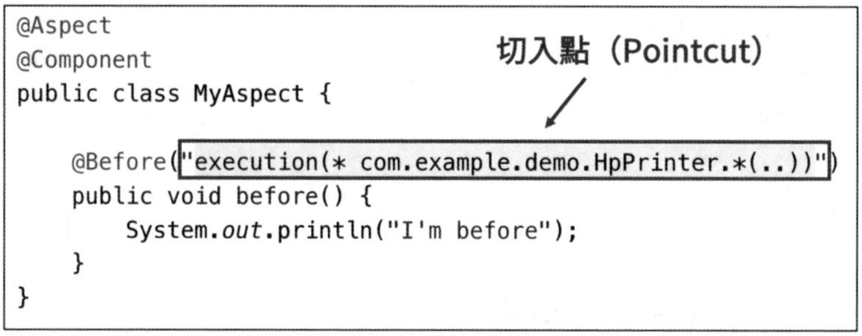

```
@Aspect
@Component                          切入點（Pointcut）
public class MyAspect {

    @Before("execution(* com.example.demo.HpPrinter.*(..))")
    public void before() {
        System.out.println("I'm before");
    }
}
```

▲ 圖 12-14　MyAspect 中的切入點

切入點的寫法是有一定規則寫法的，像是上面的這段程式，就是表示切入點為「HpPrinter 的所有方法」。

不過由於這個切入點寫起來還滿複雜的，並且使用頻率也不是很高，因此就建議大家有個印象就好，真的需要實作時再去查詢就可以了，以下也提供幾種常見的寫法邏輯給大家：

切入點（Pointcut）表達式	意義
execution(* com.example.demo.HpPrinter.*(..)))	切入點為 com.example.demo package 裡的 HpPrinter class 裡的所有方法
execution(* com.example.demo.*(..))	切入點為 com.example.demo package 裡的所有 class 的所有方法
execution(* com.example.demo..*(..))	切入點為 com.example.demo package 以及所有子 package 裡的所有 class 的所有方法
execution(* com.example.demo.HpPrinter.print())	切入點為 com.example.demo.HpPrinter class 裡的 print() 方法
@annotation(com.example.demo.MyAnnotation)	切入點為帶有 @MyAnnotation 的方法

▲ 圖 12-15　常見的切入點寫法

12.9　補充二：Spring AOP 的發展

了解了 Spring AOP 的用法之後，最後也跟大家補充一下 Spring AOP 的相關發展。

Spring AOP 以前最常被用在以下三個地方：

- 權限驗證
- 統一的 Exception 處理
- Log 記錄

但是由於 Spring Boot 發展逐漸成熟，因此上述這些功能，都已經被封裝成更好用的工具讓我們使用了，所以大家目前其實已經比較少直接使用 `@Aspect` 去創建一個切面出來了。

不過，雖然 Spring AOP 已經漸漸淡出大家的日常使用，不過它作為 Spring 框架中的重要特性之一，還是常常圍繞在我們周邊的，只是我們可能感覺不太到而已。

因此上述所介紹的 Spring AOP 的相關用法，大家就有個印象就可以了，重點是要把 AOP 的切面概念搞懂，至於 `@Before`、`@After` 以及 `@Around` 的用法，只要有個印象就可以了。

12.10 章節總結

這個章節我們先介紹了要如何使用 `@Aspect` 和 `@Before`，在指定的時機點去執行切面方法，並且也簡單介紹了另外兩個時機點 `@After`、`@Around` 的用法，最後我們也補充了切入點的撰寫方式，以及 Spring AOP 的相關發展。

那麼有關 Spring AOP 的介紹到這邊就結束了，Spring AOP 作為 Spring 框架中的重要特性之一，即使我們在日常的開發中，已經很少直接使用到 AOP 的功能，但是 AOP 的切面的概念，仍舊在許多功能中被廣泛應用，所以了解一下切面的概念還是很不錯的！

那麼從下一個章節開始，我們就會進入到下一個部分：Spring MVC，介紹要如何在 Spring Boot 中和「前端」進行溝通，那我們就下一個章節見啦！

PART 4

Spring MVC 介紹

Spring MVC 簡介

在前面的章節中，我們有介紹了 Spring 框架中最重要的兩個特性：IoC 和
AOP，所以到目前為止，相信大家對於 Spring Boot 的基本用法，就不會那
麼陌生了。

那麼從這個章節開始，就會進入到下一個部分，也就是 Spring MVC 的介
紹，而 Spring MVC 可以說是在 Spring Boot 中使用最頻繁的功能之一，所
以我們就開始吧！

13.1　回顧：前端和後端的差別

在我們正式介紹 Spring MVC 之前，我們可以先來回顧一下「前端」和「後
端」之間的差別。

在現今的網站架構中，可以分成「前端」和「後端」兩部分：

■ **前端：負責網頁的排版設計**。所以像是網頁中要使用什麼顏色的按鈕、
按鈕要放在哪裡、標題大小要多大…等等，這些都是屬於前端的範疇。

■ **後端：負責數據處理**。所以像是商品的價格是多少、每一筆評價的留言內容是什麼…等等，這些就是屬於後端的範疇。

所以簡單來說，前端工程師就是去負責實作「這個網頁要長什麼樣子」，而後端工程師則是負責去處理「要在這個網頁上賣什麼東西」，所以**前端工程師處理的是排版設計，而後端工程師處理則是動態的數據**。

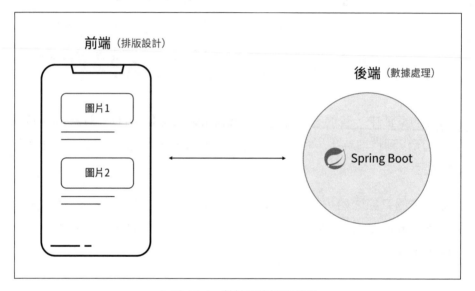

▲ 圖 13-1　前端和後端的差別

不過我們平常所瀏覽的網頁，其實是前端和後端整合在一起的結果，所以前端除了設計網頁的排版之外，同時也需要去問後端：「這裡應該要顯示哪些商品？」而後端在收到詢問之後，就會提供商品的數據給前端，告訴前端「這裡要呈現的商品數據是什麼」。

因此當前端拿到這些商品數據之後，前端就會將商品數據、以及網頁的排版設計結合在一起之後，最後再將結果呈現給使用者看。

所以我們平常所瀏覽的網頁，就是由「**前端的排版**」加上「**後端的數據**」，所組合出來的成果。

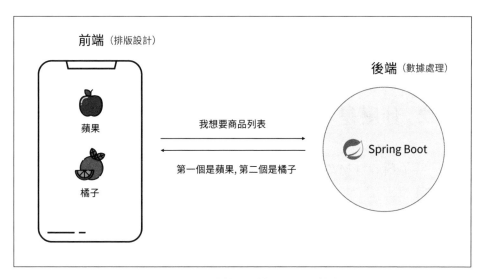

▲ 圖 13-2　前端和後端詢問商品數據

而在這之中，要怎麼樣讓前端和後端之間能夠順暢的溝通、傳遞商品的數據，就是 Spring MVC 所負責的範圍了。所以 **Spring MVC 所負責的，就是解決「前端和後端之間的溝通問題」**。

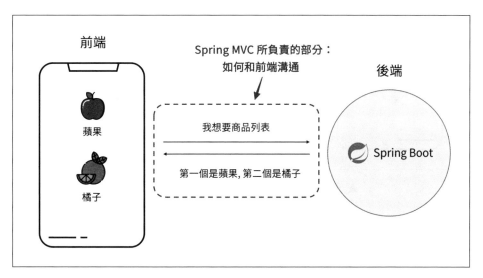

▲ 圖 13-3　Spring MVC 功能負責和前端溝通

所以換句話說，在接下來的 Spring MVC 章節中，我們所介紹到的所有內容，就都是在講「要如何和前端進行溝通」。

13.2　什麼是 Spring MVC ？

大概了解了 Spring MVC 的用途之後，接著我們可以回頭來看一下 Spring MVC 的定義。

Spring MVC 的用途，就是「讓我們能夠在 Spring Boot 中，實作前後端之間的溝通」，這樣我們就可以透過 Spring MVC 的功能，在 Spring Boot 中創建一個 API 出來、或是去接住前端所傳過來的參數了！

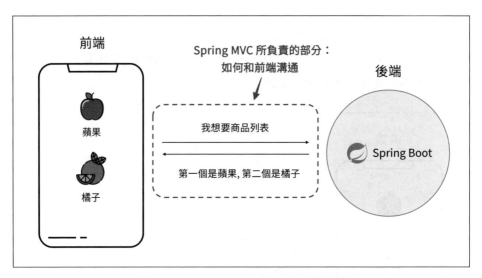

▲ 圖 13-4　Spring MVC 功能負責和前端溝通

13.3 補充：原來我們已經用過 Spring MVC 了？

其實在前面的章節中，我們就已經有使用到 Spring MVC 的功能了！

在「第 4 章 _ 第一個 Spring Boot 程式」中，我們在第一個 Spring Boot 程式裡面，有去創建了一個 MyController 出來。當時是告訴大家説，只要我們運行起 Spring Boot 程式，然後在瀏覽器中輸入 http://localhost:8080/test 時，這樣 Spring Boot 就會去執行 MyController 中的 `test()` 方法。

```java
package com.example.demo;

import org.springframework.web.bind.annotation.RequestMapping;
import org.springframework.web.bind.annotation.RestController;

@RestController
public class MyController {

    @RequestMapping("/test")
    public String test() {
        System.out.println("Hi!");
        return "Hello World";
    }
}
```

▲ 圖 13-5　MyController 程式實作

所以我們在前面的章節中，就一直借用了這個方式，去練習前面的 IoC 和 AOP 的部分。

而我們之所以在瀏覽器中輸入 http://localhost:8080/test，Spring Boot 就會去執行 MyController 中的 `test()` 方法，就是因為我們有在 MyController 中添加了 `@RestController` 和 `@RequestMapping` 這兩個註解，才能夠達到這個效果。

```
© MyController.java ×
1    package com.example.demo;
2
3    import org.springframework.web.bind.annotation.RequestMapping;
4    import org.springframework.web.bind.annotation.RestController;
5
6    @RestController
7    public class MyController {
8
9        @RequestMapping("/test")
10       public String test() {
11           System.out.println("Hi!");
12           return "Hello World";
13       }
14   }
```

▲ 圖 13-6　MyController 中的 @RestController 和 @RequetsMapping

而這兩個註解 `@RestController` 和 `@RequestMapping`，其實就是 Spring MVC 所提供的好用註解！

所以在後面的章節中，我們就會介紹 Spring MVC 中的好用功能，也會來介紹 `@RestController` 和 `@RequestMapping` 這些註解，它們分別的用途又是什麼。

所以從這個章節開始，我們就一起來探索 Spring MVC 的厲害之處吧！

13.4　章節總結

這個章節我們先回顧了前端和後端之間的區別，並且也介紹了 Spring MVC 的用途是什麼，先讓大家對 Spring MVC 有一個簡單的認識。

不過在我們正式進入 Spring MVC 的介紹之前，會需要大家先了解什麼是「前端後端溝通的協議」，所以下一個章節，我們就會先來介紹前後端溝通最基礎的部分，也就是 Http 協議，那我們就下一個章節見啦！

Http 協議介紹

在上一個章節中，我們先介紹了 Spring MVC 的用途是什麼，先讓大家對 Spring MVC 有一個簡單的認識。

不過在我們開始介紹 Spring MVC 之前，會需要大家先對前後端溝通的協議有一些基本的認識，因此這個章節，我們就會先來介紹前後端溝通最基礎的部分，也就是「Http 協議」。

14.1 什麼是 Http 協議？

所謂的「**Http 協議**」，就是「**負責去規定資料的傳輸格式，讓前端和後端能夠有效進行資料溝通**」的一種規定，所以換句話說，Http 協議就是訂定規則的裁判，只要前後端想要透過 Http 協議溝通，那就必須得按照 Http 協議的規則來走。

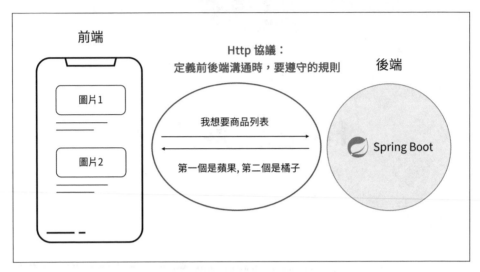

▲ 圖 14-1　Http 協議的用途

舉例來說，像是 Http 協議可能會規定，當前後端在溝通時，每一句話都要加上「您好」，所以前後端的溝通就會變成這樣：

■ 前端會說：「您好，我想要商品列表」
■ 接著後端會說：「您好，第一個是蘋果，第二個是橘子」

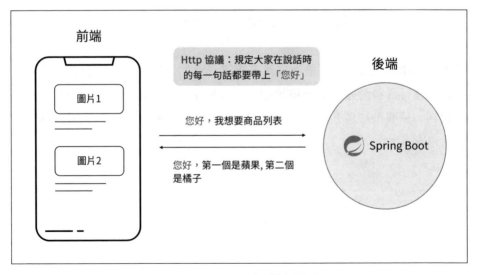

▲ 圖 14-2　Http 協議範例說明

所以 **Http 協議的用途，就是去「規定前後端溝通的格式」**，因此前後端在溝通時，就會照著 Http 協議所定義的格式走，這樣子就可以讓前後端溝通的格式變得更規範，進而提升溝通效率了！

14.2 Http 協議的定義

大概了解了 Http 協議的概念之後，接著我們可以回頭來看一下 Http 協議的定義。

所謂的「**Http 協議**」，就是「**負責去規定資料的傳輸格式，讓前端和後端能夠有效進行資料溝通**」，因此前後端就必須要按照 Http 協議的規定，去傳輸資料給對方。

而在 Http 協議中，可以分為「**Http Request（請求）**」和「**Http Response（回應）**」兩個部分，而一個 Http request 加上一個 Http response，就可以組合成一次完整的 Http 溝通。

舉例來說：

- 當前端向後端詢問：「我想要商品列表」時，這就是一個 Http request（也稱為 Http 請求）
- 當後端回應前端：「第一個是蘋果，第二個是橘子」的數據時，這就是一個 Http response（也稱為 Http 回應）

而「一個 Http request + 一個 Http response」，就構成了一次完整的 Http 溝通，所以換句話說，就是前端和後端之間有來有往，這樣子就是一次完整的 Http 溝通了。

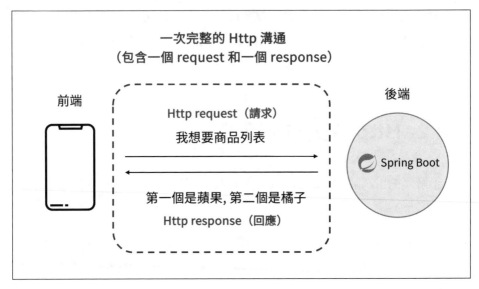

▲ 圖 14-3　Http 協議的定義

當大家了解了 Http request 和 Http response 之間的運作邏輯之後，接著我們就可以詳細介紹 Http request 和 Http response 的格式規範了！

14.3　Http Request（Http 請求）的格式規範

在一個 Http request 中，可以分成四個部分，分別是：

- Http method
- Url
- Request header
- Request body

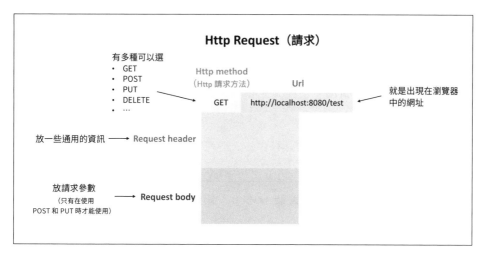

Http Request（請求）

有多種可以選
- GET
- POST
- PUT
- DELETE
- …

Http method
（Http 請求方法）

Url

GET　http://localhost:8080/test

就是出現在瀏覽器
中的網址

放一些通用的資訊 ──→ Request header

放請求參數
（只有在使用
POST 和 PUT 時才能使用）──→ **Request body**

▲ 圖 14-4　Http request 的格式規範

14.3.1　Http method 介紹

Http method 所表示的，是這個 Http request 所使用的「**請求方法**」。

Http method 有 多 種 值 可 以 選， 像 是 常 用 的 有 GET、POST、PUT、DELETE……等等，不同的請求方法會有不同的特性。

而 在 後 續 的 章 節 中， 我 們 會 再 針 對 兩 個 常 見 的 Http method：GET 和 POST，進行更完整的介紹。

14.3.2　Url 介紹

Url 所表示的，其實就是這個網站的網址，也就是會出現在瀏覽器上方網址列中的那一串文字。

▲ 圖 14-5　url 網址列

14.3.3　Request header 介紹

Request header 主要是放一些請求時的通用資訊，這部分相對比較進階，所以大家可以先略過這部分沒關係。

14.3.4　Request body 介紹

Request body 的用途，是用來「**傳遞請求的參數**」，而只有在使用 POST 或是 PUT 這類的請求方法時，才可以去使用 request body 來傳遞參數。

這部分一樣是會在後續的章節中做詳細的介紹，所以大家這邊就只要先有個概念就可以了。

14.4 Http Response（Http 回應）的格式規範

看完了 Http request 的格式之後，接著我們可以來看一下 Http response 的格式。

在一個 Http response 裡面，則是可以分成三個部分，分別是：

- Http status code
- Response header
- Response body

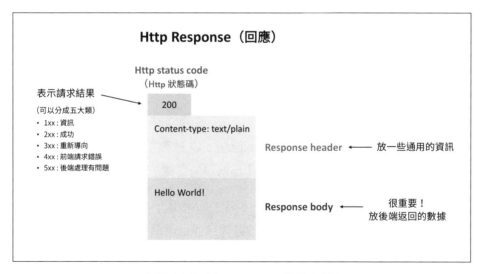

▲ 圖 14-6　Http response 的格式規範

14.4.1　Http status code 介紹

Http status code 的中文翻譯為「Http 狀態碼」，用途是表達「這一次 Http 請求的結果為何」。

譬如說在這次的 Http status code 裡面，如果顯示的是「成功」的狀態碼的話，那就表示這一次的 Http 請求成功了；相反的，如果 Http status code 呈現的是「失敗」的狀態碼，那就表示這一次的 Http 請求失敗了。

因此大家可以把這個 Http status code，當成一個「**快速確認此次 Http 請求是成功還是失敗**」的依據，透過 Http status code，我們就可以快速的判斷這一次 Http 請求到底是成功還是失敗，進而去執行後續的處理了。

而至於 Http status code 中常見的狀態碼，我們一樣是會在後續的章節中詳細介紹。

14.4.2　Response header 介紹

Response header 和上面的 Request header 類似，都是放一些通用的資訊，因為它也是屬於比較進階的部分，因此大家也是可以先略過這部分沒關係。

14.4.3　Response body 介紹

Response body 可以說是在 Http response 中最重要的部分！ **Response body 裡面所放的，就是「後端要回傳給前端的數據」**。

因此當前端收到了一個 Http response 時，如果這一次的請求是成功的話，前端就會去取得 Response body 中的數據，並且前端會將這些數據，去和前端的排版設計結合在一起，最終就可以呈現完整的網頁給使用者了！

有關 Response body 的部分，我們也是會在後續的章節中詳細介紹它的用法，所以大家現在只要先有個概念就可以了。

14.5 在 API Tester 中練習發起 Http request、查看 Http response

14.5.1 API Tester 介面導覽

了解了 Http request（Http 請求）和 Http response（Http 回應）的格式之後，接著我們也可以實際到 API Tester 中，練習一下要如何發起一個 Http request。

> **補充**
>
> 此處提到的 API Tester，指的就是我們在「第 2 章 _ 開發環境安裝（Mac 版）」和「第 3 章 _ 開發環境安裝（Windows 版）」中，有去安裝的 Chrome 擴充功能 Talend API Tester。本書後續也都會以 API Tester 來簡稱此擴充功能。

首先大家可以先打開 Google 瀏覽器，然後點擊右上角的圖示，就可以開啟之前安裝的 Chrome 擴充功能—API Tester。

▲ 圖 14-7　開啟 API Tester

打開 API Tester 之後，會看到下圖中的畫面：

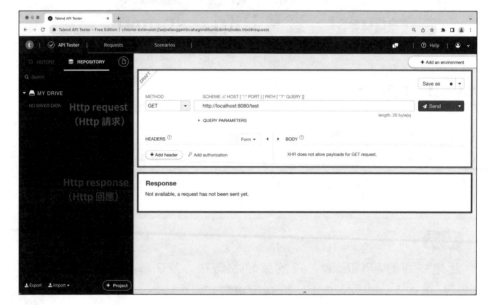

▲ 圖 14-8　API Tester 預設介面

其中上方是 Http request 的區域，也就是填上請求的參數、url……等等資訊。

而下方則是 Http response 的區域，這裡就會呈現後端所回傳的返回值。

因此我們之後會透過這個 API Tester 的介面，查看當前 Http request 的參數設定是什麼、以及 Http response 的回傳內容又是什麼了。

14.5.2　在 API Tester 中發起一個 Http request

在 API Tester 中，上方 Http request 裡的每一個部分，都可以對應到我們剛剛所介紹到的 Http request 的格式，也就是：

- Http method
- Url

- Request Header

- Request Body

▲ 圖 14-9　API Tester 中的 Http request 區塊

而此處大家可以先在 Http method 的部分選擇 GET，然後在 url 的部分填上 http://localhost:8080/test，這樣子就完成一個最簡單的 Http request 了！

填寫好請求參數之後，接著我們可以回到 Spring Boot 程式中，並且將 MyController 中的程式改寫成下面這樣：

```
@RestController
public class MyController {

    @RequestMapping("/test")
    public String test() {
        System.out.println("Hi!");
        return "Hello World";
    }

}
```

```java
package com.example.demo;

import org.springframework.web.bind.annotation.RequestMapping;
import org.springframework.web.bind.annotation.RestController;

@RestController
public class MyController {

    @RequestMapping("/test")
    public String test() {
        System.out.println("Hi!");
        return "Hello World";
    }
}
```

▲ 圖 14-10　MyController 程式實作

補充

在前面章節中所練習的 HpPrinter、Printer、MyAspect……等等的程式，這些程式後續不會使用到了，因此大家可以刪除這些程式，專注在 MyController 程式的開發上（在 Spring MVC 的部分中，我們會頻繁的修改 MyController 中的程式，練習如何和前端溝通）。

修改好 MyController 中的程式之後，接著我們就可以運行起 Spring Boot 程式，來看一下效果。此時當右下角出現了「Started DemoApplication in 0.666 seconds」時，就表示 Spring Boot 程式運行成功了。

```
Run      DemoApplication ×                                                              : ─

     Console    Actuator

↑   .n] com.example.demo.DemoApplication        : Starting DemoApplication using Java 21.0.4 with PID 24526 (/Users/ku  <
↓   .n] com.example.demo.DemoApplication        : No active profile set, falling back to 1 default profile: "default"
⇥   .n] o.s.b.w.embedded.tomcat.TomcatWebServer : Tomcat initialized with port 8080 (http)
⇤   .n] o.apache.catalina.core.StandardService  : Starting service [Tomcat]
    .n] o.apache.catalina.core.StandardEngine   : Starting Servlet engine: [Apache Tomcat/10.1.28]
    .n] o.a.c.c.C.[Tomcat].[localhost].[/]       : Initializing Spring embedded WebApplicationContext
🗑   .n] w.s.c.ServletWebServerApplicationContext : Root WebApplicationContext: initialization completed in 354 ms
    .n] o.s.b.w.embedded.tomcat.TomcatWebServer : Tomcat started on port 8080 (http) with context path '/'
    .n] com.example.demo.DemoApplication        : Started DemoApplication in 0.666 seconds (process running for 1.148)
```

▲ 圖 14-11　Spring Boot 運行結果

當 Spring Boot 程式運行成功之後，接著我們可以回到 API Tester 中，然後去點擊右側的「Send」按鈕，這樣子就可以去發起一個 Http request（Http 請求），去請求我們的後端 Spring Boot 程式了。

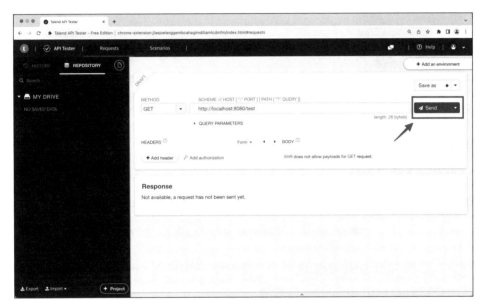

▲ 圖 14-12　在 API Tester 中發起一個 Http request

14.5.3　在 **API Tester** 中查看 **Http response**

當我們按下「Send」按鈕之後，這時在下面的 Response 區塊中，就會改成呈現後端 Spring Boot 程式的返回結果。

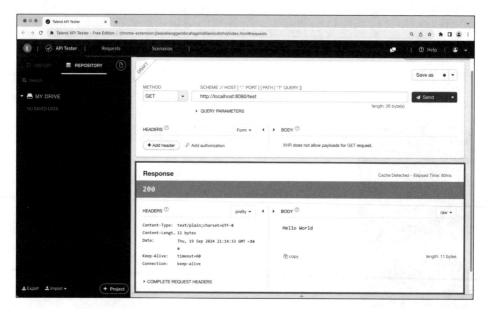

▲ 圖 14-13　API Tester 呈現後端返回的數據

並且在這個 Response 的區塊中，裡面的每一個部分，也可以對應到我們剛剛所介紹到的 Http response 的格式，也就是：

- Http status code
- Response header
- Response body

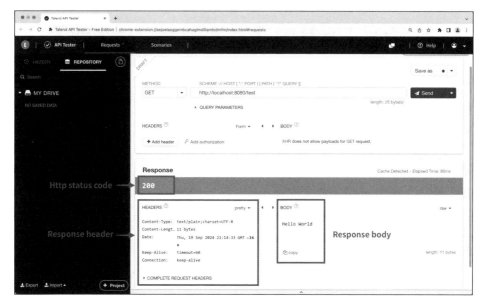

▲ 圖 14-14　API Tester 中的 Http response 區塊

所以像是在這一次的 Http response 中，它的 Http status code 的值，就呈現了 200，而 200 就是表示請求成功，因此我們就可以透過這個 Http status code 的值，快速知道這一次的請求是成功的。

而當請求是成功的話，後端就會將返回的數據放在 Response body 裡面，提供給前端去存取。所以在這裡也可以看到，Spring Boot 程式就將返回值「Hello World」呈現在 Response body 中。

所以到這裡，我們就成功的使用 API Tester 去發起一個 Http request，並且成功的取得到後端 Spring Boot 程式所返回的 Http response 了，太讚啦！

補充

在後面的章節中，我們也會反覆的使用這個 API Tester 工具，去模擬前端所發起的 Http request，練習如何和後端的 Spring Boot 程式互動了，因此建議大家在這裡也可以多熟悉一下 API Tester 的用法。

14.6　補充：常見的發起 Http request 的工具

我們除了可以使用這個章節所介紹的 API Tester 去發起一個 Http request，
進而取得後端所返回的數據之外，其實也有很多工具，像是 Postman、
Insomnia、curl……等等，也是可以去發起一個 Http request 的。

不過這些發起 Http request 的工具，其實它們的底層邏輯都是一樣的，**就都
是去遵守了 Http 協議所規定的 request 和 response 的格式**，因此才能夠正
常的去發起一個 Http request。

所以換句話說，只要我們好好的遵守 Http 協議所規定的 request 和 response
的格式，將來不管我們使用的是 API Tester、Postman 或是其他工具，都是
能達到一樣的效果的，差別只在它們提供的 UI 介面、以及一些獨家的進階功
能會有點不一樣而已。

所以大家在練習工具的用法時，一定要記得，它們都是遵守 Http 協議的規
定，因此了解 Http 協議中 request 和 response 的格式規範，可以說是非常
的重要！

14.7　章節總結

這個章節我們先介紹了什麼是 Http 協議，並且分別介紹了 Http request 和
Http response 的格式規範，讓大家對 Http 協議有更多的認識。

在大家了解了 Http 協議的基本概念之後，下一個章節我們就會接著來
介紹 Spring MVC 中的常用註解：`@RequestMapping`，了解要如何透過
`@RequestMapping`，將 url 路徑對應到 Spring Boot 的程式中，那我們就下一
個章節見啦！

CHAPTER

15

Url 路徑對應—
@RequestMapping

在上一個章節中，我們有介紹了 Http request 和 Http response 的格式規範，並且也有實際到 API Tester 中，練習去發起一個 Http request，讓大家更了解 Http 協議的具體用法。

那麼這個章節我們就接著來介紹，要如何使用 @RequestMapping，將 url 路徑對應到 Spring Boot 程式的方法上。

15.1　回顧：什麼是 Http 協議？

在我們開始介紹 @RequestMapping 的用法之前，我們可以先來回顧一下 Http 協議的用途是什麼。

Http 協議的目的，是「規定資料的傳輸格式，讓前端和後端能夠有效的進行資料溝通」，因此前後端就必須要按照 Http 協議的規定，去傳輸資料給對方。

而在 Http 協議中，可以分為「**Http Request（請求）**」和「**Http Response（回應）**」兩個部分，並且一個 Http request 加上一個 Http response，就可以組合成一次完整的 Http 溝通。

另外 Http request 和 Http response 在使用上，也是有固定的格式規範的，具體的格式可以參考下面這張圖：

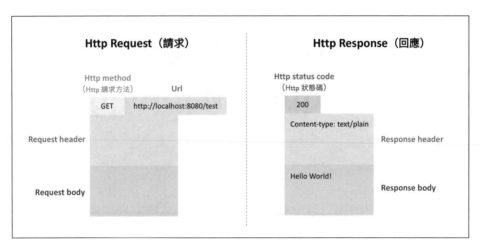

▲ 圖 15-1　Http Request 和 Http Response 的格式規範

在了解了 Http request 和 Http response 之後，那麼這個章節要介紹的，就是 Http request 中的 url 的部分。

15.2　什麼是 Url？

當我們發起一個 Http request 時，我們需要指定 url 的值，才能夠告訴 API Tester，這一次的請求要發送到哪裡去。

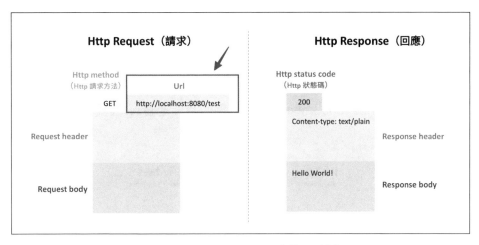

▲ 圖 15-2　Http Request 中的 url 部分

而這個 url，其實就是我們平常在使用瀏覽器的時候，在上方的網址列中所出現的這一串文字，中文翻譯為「網址」。

▲ 圖 15-3　url 網址列

雖然大家平常在生活中很常接觸到 url，但是其實 url 在設計的時候，也是有固定的格式規範的，所以接下來我們就來看一下 url 的格式規範為何。

15.3 Url 的格式規範

Url 本身是可以拆分成許多部分的，譬如說我們拿之前常常輸入的網址，也就是 http://localhost:8080/test 來當作範例的話，這個 url 其實是由以下幾個部分所組成的：

▲ 圖 15-4　url 的格式規範

15.3.1 使用的協議

首先在 url 的最前面，就會呈現這個 url 所使用的協議是什麼。

像是在這個例子中，我們所使用的協議就是 Http 協議。

15.3.2 域名

在協議的後面，會有一個 `://` 做為分隔，接著後面就是這個 url 的域名。

像是在這個例子中，這個 url 的域名就是「localhost」。

15.3.3 Port（端口）

而在域名的後面，就是這個 url 所使用的 port，port 的部分其實是可以省略不寫，所以大家在某些 url 中，可能有時候會看到有寫 port、有時候又看不到，這是正常的現象。

不過大家只要在域名後面，有看到加上了一個 **:**，並且在 **:** 後面有寫上一個數字的話，那這個數字，就是這個 url 所使用的 port。

所以像是在這個例子中，在 **:** 後面就有寫上 8080，表示這個 url 所使用的 port 是 8080。

15.3.4　url 路徑

而在 port 後面再加上一個斜線 **/** 之後（或是沒有 port 的話，就是在域名後面加上斜線 **/**），**從這個斜線 / 之後的所有東西，就是這個 url 的路徑。**

像是在這個例子中，url 路徑的值就是 `/test`。

url 路徑的概念非常重要，它會決定這個 url 最終會去對應到 Spring Boot 程式中的哪一個方法上，因此大家在開發 Spring Boot 程式之前，一定要先了解「url 路徑」是位於整條 url 中的哪個部分，這樣子後續在實作 Spring Boot 程式時，才能夠更了解它們之間的對應關係。

15.4　Url 的例子分析

因為 url 路徑實在是太重要了，它是在實務上使用頻率非常高的一項技術，所以這邊我們就多舉幾個例子，讓大家更了解 url 路徑的計算方式。

15.4.1　例子一：YouTube 的 url 分析

舉例來說，如果有一個 YouTube 的 url 如下：

https://www.youtube.com/channel/UC3yK8-EsoU7vZNiLnuep1tQ/videos

那麼這一條 url，就可以拆分成如下圖一樣，所以 url 路徑的值，就會是 `/channel/UC3yK8-EsoU7vZNiLnuep1tQ/videos`。

▲ 圖 15-5　YouTube 的 url 例子

15.4.2　例子二：Instagram 的 url 分析

再舉一個例子，假設有另一個 Instagram 的 url 如下：

https://www.instagram.com/p/CHNDtIVl_BS

那麼這一條 url 可以拆分成如下圖一樣，所以 url 路徑的值就會是 `/p/CHNDtIVl_BS`。

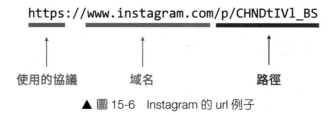

▲ 圖 15-6　Instagram 的 url 例子

15.5 Url 路徑對應：@RequestMapping

15.5.1 @RequetMapping 用法介紹

在了解了 url 的格式規範、以及了解如何「計算 url 的路徑」之後，那麼我們就可以進到重頭戲，也就是來介紹一下，要如何使用 `@RequestMapping`，將 url 路徑對應到 Spring Boot 程式的方法上了。

所以回到我們最一開始的例子（也就是 http://localhost:8080/test），對於這個 url 來說，它的 url 路徑就是最後面的 `/test`。

如果我們想要將這個 `/test` 的 url 路徑，去對應到 Spring Boot 的方法上的話，那我們就只要使用 `@RequestMapping` 這個註解就可以達成了！

舉例來說，當我們在 MyController 中的 `test()` 方法上：

- 先加上 `@RequestMapping`
- 並且在後面的小括號中，指定 url 路徑的值，像是此處我們指定為 `/test`

只要完成這兩個步驟，就可以將 url 路徑 `/test`，對應到下面的 `test()` 方法上了！

將 url 路徑 /test 對應到
下面的 test() 方法上

```
@RestController
public class MyController {

    @RequestMapping("/test")
    public String test() {
        System.out.println("Hi!");
        return "Hello World";
    }
}
```

▲ 圖 15-7　@RequestMapping 的運作機制

201

所以這時候，當前端發出一個 Http request、並且它的 url 路徑為 `/test` 時，那麼 Spring Boot 就會對應到 `@RequestMapping("/test")` 這一行程式，並且去執行它下面的 `test()` 方法，所以這個「**url 路徑的對應**」，就是 **@RequestMapping** 的運作邏輯！

15.5.2 使用 @RequetMapping 的注意事項：一定要在 class 上加上 @Controller 或是 @RestController

在使用 `@RequestMapping` 去對應 url 的路徑時，有一個前提一定得滿足，**就是在該 class 上面，一定要加上 `@Controller` 或是 `@RestController`**，這樣子 `@RequestMapping` 才會真的生效；否則的話，`@RequestMapping` 是完全沒有作用的。

所以像是在上面的例子中，我們就有在 MyController 上面加上一個 `@RestController`，也因為我們有加上了 `@RestController` 這一行程式，所以 `@RequestMapping` 才會生效。

所以大家在使用 `@RequetMapping` 時，一定要記得在 class 上面加上 `@Controller` 或是 `@RestController`，這樣子 `@RequestMapping` 才會真的生效。

> **補充**
>
> 有關 `@Controller` 和 `@RestController` 的差別，在後面的章節中就會介紹了，大家目前就只要先記得，如果想要使用 `@RequestMapping`，一定得在 class 上面加上 `@Controller` 或是 `@RestController` 才可以。

15.6 在 Spring Boot 中練習 @RequestMapping 的用法

15.6.1 練習 @RequetMapping 的用法

看完了上述對 `@RequestMapping` 的介紹之後，接著我們也可以實際到 Spring Boot 程式中，來練習一下 `@RequestMapping` 的用法。這裡建議大家可以多練習幾次，因為 `@RequestMapping` 的概念可以說非常的重要，所以掌握好它的用法是會有很大幫助的！

像是目前我們在 MyController 中，在 `test()` 方法上面，其實就已經添加了一個 `@RequestMapping` 了，而在 `@RequestMapping` 後面的小括號中，我們就寫上了 `/test`，所以這就是表示，我們將 `/test` 這個 url 路徑，去對應到了 MyController 中的 `test()` 方法上。

MyController.java

```java
package com.example.demo;

import org.springframework.web.bind.annotation.RequestMapping;
import org.springframework.web.bind.annotation.RestController;

@RestController
public class MyController {

    @RequestMapping("/test")
    public String test() {
        System.out.println("Hi!");
        return "Hello World";
    }
}
```

▲ 圖 15-8　MyController 中的 @RequestMapping 實作

所以我們可以運行一下這個 Spring Boot 程式，然後在 API Tester 的 url 中，輸入 http://localhost:8080/test，表示我們要去請求這個 url。

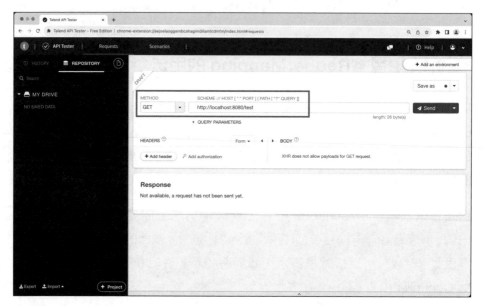

▲ 圖 15-9 在 API Tester 中填上請求的 url

而當我們按下 Send 鍵之後，因為這個 url 的路徑為 /test，所以就會命中 MyController 中的 @RequestMapping("/test") 註解，因此到時候，Spring Boot 程式就會去執行它下面的 test() 方法，並且回傳「Hello World」的資訊給前端。

所以這也是為什麼，當我們按下 Send 鍵之後，就會在 response body 中得到 Hello World 的結果。

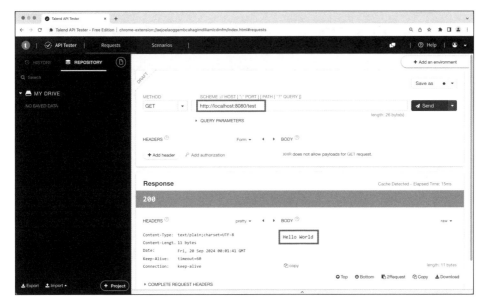

▲ 圖 15-10　API Tester 的請求結果

15.6.2　新增一個 url 路徑對應

了解了 `@RequestMapping` 的用法之後，接著我們也可以嘗試在 MyController 中，再去創建一個新的 url 路徑對應出來。

像是我們可以在 MyController 裡面，再新增一個方法，這個方法的名字就叫做 `product()`，並且在它上面加上 `@RequestMapping("/product")` 這一行程式。

```
@RequestMapping("/product")
public String product() {
    return "第一個是蘋果、第二個是橘子";
}
```

當我們這樣子寫的話，就表示我們「**新增了一個 url 的路徑對應**」，也就是將 url 路徑 `/product`，去對應到它下面的 `product()` 方法上。

```java
©  MyController.java  ×
1       package com.example.demo;
2
3       import org.springframework.web.bind.annotation.RequestMapping;
4       import org.springframework.web.bind.annotation.RestController;
5
6       @RestController
7       public class MyController {
8
9           @RequestMapping("/test")
10          public String test() {
11              System.out.println("Hi!");
12              return "Hello World";
13          }
14
15          @RequestMapping("/product")
16          public String product() {
17              return "第一個是蘋果、第二個是橘子";
18          }
19      }
```

▲ 圖 15-11　在 MyController 新增 product() 方法實作

寫好這個 `product()` 方法之後，我們先重新運行一下 Spring Boot 程式，確保新增的程式有成功的運行起來。

在我們重新運行起 Spring Boot 程式之後，這時候當前端來請求 http://localhost:8080/product 時，Spring Boot 就 會 透 過 `@RequestMapping("/product")` 這一行程式，找到 url 路徑 `/product` 所對應的 `product()` 方法，並且去執行這個 `product()` 方法。因此在 response body 中，就會變成是回傳「第一個是蘋果、第二個是橘子」的資訊了。

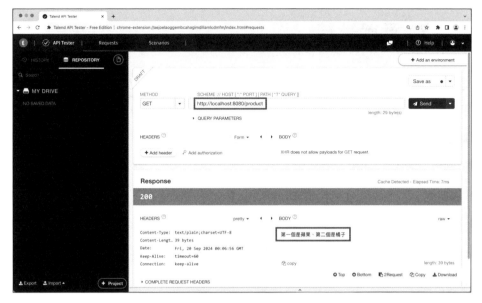

▲ 圖 15-12　API Tester 的運行結果

所以透過 `@RequestMapping` 的用法，我們就可以不斷的在 Spring Boot 程式中，去添加新的 url 路徑對應出來了！

補充

在 Spring Boot 程式中，不管我們使用 `@RequestMapping` 創建了多少個 url 路徑對應，都是沒問題的，所以隨著專案不斷的推進，我們可能就會在同一個 Spring Boot 程式中，越寫越多 `@RequestMapping`、創建越多 url 路徑對應出來，這都是很正常的現象，不用擔心。

不過當 Spring Boot 程式中的 url 路徑越寫越多之後，這時候就要小心，不要重複使用到之前已經被定義過的 url 路徑，所以大家在實作上，就要特別注意這個細節。

15.7 章節總結

這個章節我們先介紹了 url 的格式規範是什麼，並且也有介紹要如何透過 `@RequestMapping`，將 url 的路徑對應到 Spring Boot 的方法上。

那麼下一個章節，我們就會接著來介紹，要如何使用 JSON，結構化的去呈現數據，那我們就下一個章節見啦！

16

結構化的呈現數據—JSON

在上一個章節中,我們有去介紹要如何使用 `@RequestMapping`,將 url 路徑對應到 Spring Boot 的程式上。

那麼這個章節,我們就會接著來介紹,要如何透過 JSON,結構化的去呈現返回給前端的數據。

16.1 回顧:到目前為止的返回數據

在上一個章節的最後面,我們有添加了一個新的 `product()` 方法,並且為它添加對應的 url 路徑 `/product`,程式如下:

```java
© MyController.java  ×
1    package com.example.demo;
2
3    import org.springframework.web.bind.annotation.RequestMapping;
4    import org.springframework.web.bind.annotation.RestController;
5
6    @RestController
7    public class MyController {
8
9        @RequestMapping("/test")
10       public String test() {
11           System.out.println("Hi!");
12           return "Hello World";
13       }
14
15       @RequestMapping("/product")
16       public String product() {
17           return "第一個是蘋果、第二個是橘子";
18       }
19   }
```

▲ 圖 16-1　回顧 MyController 中的實作

如果我們觀察一下的話，可以發現目前這個 `product()` 方法的 return 返回值，是使用「字串」來表達「第一個是蘋果、第二個是橘子」的資訊，而這種人類語言的表達方式，對於電腦的程式語言來說，其實是很難辨別的。

所以為了讓程式語言可以更有效率的讀取數據、呈現數據，因此 JSON 這個格式就被發明出來了！

16.2　什麼是 JSON ？

JSON 是一種數據呈現的格式，而它的目的，就是用「更簡單、更直覺的方式去呈現數據」，因此當我們使用了 JSON 之後，就可以在前後端之間更有效率的傳遞數據，所以就不用再和上面一樣，要用人類的語言去形容複雜的數據了。

舉例來說,當我們使用了 JSON 之後,就可以將「我的學號是 123,名字是 Judy」這一句話,改成用下面的 JSON 格式來呈現:

```
{
    "id": 123,
    "name": "Judy"
}
```

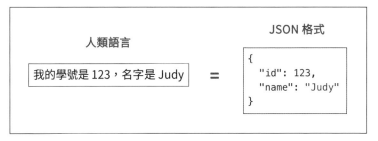

▲ 圖 16-2　將「我的學號是 123,名字是 Judy」轉換為 JSON 格式

16.3　JSON 格式介紹

16.3.1　使用 {} 表示 object(物件)

在 JSON 格式中,可以使用一組大括號 {} 來表示一個 object(物件),譬如說當我們寫上下面這一段 JSON 格式的程式時,就表示我們 new 出了一個 object:

```
{
    //....
}
```

16.3.2　Key 和 Value 的概念

寫好一對大括號之後，**我們就可以在大括號 {} 裡面，去定義「key 和 value 的配對」**，這個 key 的地位就等同於是去宣告一個 Java 中的變數，而 value 就是去設定這個變數的值。

舉例來說，假設我們在大括號裡面加上一行程式 `"id":123`，就表示我們去創建了一組 key-value 的配對，其中 key 就是 id，而 value 就是冒號右邊的 123。

```
{
    "id": 123
}
```

所以在上面這段程式中，其中的 `"id":123`，就是表示「有一個變數 id，它的值為 123」的意思。

所以在 JSON 格式中，我們就可以透過上面的 key-value 寫法，去新增許多組 key-value 出來了。

16.3.3　新增多組 Key-Value

延續上面的例子，現在在 JSON 的大括號中，已經有一組 `"id":123` 的 key-value 存在了，而 `"id":123` 所表達的邏輯意義，就是「我的 id 的值為 123」。

如果這時候，我們想要在這個大括號中再去新增一組 key-value，用來表達「我的名字為 Judy」的意義的話，那我們可以這樣做：

首先我們先在 `"id":123` 的最後面，先加上一個逗點，，接著換行，然後輸入第二組 key-value 配對的值，也就是 `"name":"Judy"`，用來表達「我的名字為 Judy」的意義。

```
{
    "id": 123,
    "name": "Judy"
}
```

所以在上面這個寫法中，`"name":"Judy"` 的 key 就是 name，表示我們創建了一個變數叫做 name，並且這個 name 變數的值，就是冒號右邊的 Judy，因此我們就可以用這一行程式，去表達「我的名字為 Judy」的意義。

所以當我們這樣寫之後，在這整個 JSON 裡面就表達了兩個資訊，分別是「我的 id 為 123」以及「我的名字為 Judy」了！

因此透過 JSON 格式的寫法，就可以用更簡單的結構傳遞數據，進而提升前後端溝通的效率了！

16.3.4 使用 JSON 的注意事項

在使用 JSON 時，有一個很重要的注意事項要注意，就是「**在 JSON 中的所有 key，都必須要加上雙引號 "" 來框住才可以**」。

以上面所寫的 JSON 例子來說的話：

```
{
    "id": 123,
    "name": "Judy"
}
```

大家如果仔細觀察一下的話，可以發現在 id 和 name 這兩個 key 的前後，我們都有加上一對雙引號 **""**，把這個 key 給框起來。

所以大家在使用 JSON 格式傳遞數據時，一定要記得，要使用雙引號 **""** 來框住 key，這個是在撰寫 JSON 格式時，一定要注意的細節！

16.4　JSON 所支援的類型

16.4.1　JSON 所支援的類型

透過上述的介紹，現在我們知道，在 JSON 中是可以透過 key-value 的配對，去創建許多組變數和它對應的值的。

而在這些值中，JSON 支援以下幾種類型，分別是：

JSON 支援的類型	例子
整數	`"id": 123`
浮點數	`"score": 1.111`
字串	`"name": "Hello"`
Boolean	`"option": true`
List	`"list": [1,2,3]`

因此大家在使用上就可以根據不同的需求，為 key 設定不同類型的 value 了。

16.4.2　補充：JSON 中的 List 概念

在 JSON 中，value 的值除了可以使用基本類型的整數、浮點數、字串……等之外，value 的值也是可以設定成一個 List 的，因此我們就可以像 Java 一樣，在 List 裡面去添加許多值（用法類似於 Java 中的 List）。

要在 JSON 中使用 List 的話，只需要在 value 處寫上一對中括號 `[]`，這樣就表示創建了一個 List 出來，所以我們就可以在這個 List 裡面，去添加我們想要放的內容了。

舉例來說，當我們寫出下面這個 JSON 格式時：

```
{
    "appleList": ["apple1", "apple2", "apple3"]
}
```

就表示我們去定義了一個 key，名字叫做 appleList，並且這個 key 裡面所儲存的值，就是一個 List，同時在這個 List 裡面我們就存放了 3 個值，分別是 apple1、apple2 以及 apple3。

所以透過這一行 `"appleList": ["apple1", "apple2", "apple3"]` 的寫法，就可以表達出「這個 appleList 中有三個蘋果，並且第一個蘋果叫做 apple1、第二個蘋果叫做 apple2、第三個蘋果叫做 apple3」的資訊了。

> **補充**
>
> 因為篇幅的關係，所以本章沒有辦法完整介紹 JSON 的所有內容，僅能做一個簡單的入門介紹而已。所以大家之後有時間的話，建議可以再上網查詢 JSON 的相關知識，了解「巢狀 JSON」的用法。

16.5 最後，讓我們回到一開始的問題

在了解如何撰寫 JSON 的格式之後，最後我們可以回到這個章節最一開始的問題：要如何把 `product()` 方法所返回的「第一個是蘋果、第二個是橘子」的人類語言，改成使用 JSON 的格式來傳遞。

我們可以運用前面所介紹的 JSON 的用法，將這個人類語言的句子，改寫成下面這個 JSON 格式：

```
{
    "productList": ["蘋果", "橘子"]
}
```

所以透過上面這一行 `"productList": [" 蘋果 ", " 橘子 "]` 的寫法，就可以表達出「這個 productList 中有兩個商品，並且第一個商品叫做蘋果、第二個商品叫作橘子」的資訊了！

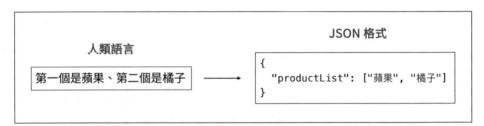

▲ 圖 16-3　將「第一個是蘋果、第二個是橘子」轉換為 JSON 格式

16.6　章節總結

這個章節我們先介紹了什麼是 JSON 格式，接著也介紹了 JSON 中的 key-value 的寫法，以及 JSON 格式所支援的類型，讓大家先對 JSON 有一個簡單的認識。

而在我們了解了 JSON 格式的用法之後，在下一個章節中，我們就會回到 Spring Boot 程式中，嘗試來改寫 MyController 中的 `product()` 方法，將它的返回值改寫成是 JSON 的格式，那我們就下一個章節見啦！

返回值改成 JSON 格式—@RestController

在上一個章節中,我們有去介紹了 JSON 格式的寫法,所以之後我們就可以使用 JSON 格式,更簡單直覺的去呈現數據,進而提升前後端溝通的效率了。

那麼這個章節,我們就會回到 Spring Boot 程式中,來看一下要如何將 MyController 所回傳的值,改成是以 JSON 的格式來返回,進而返回 JSON 格式的數據給前端。

17.1 回顧:到目前為止的返回數據

在上兩個章節中,我們有在 MyController 中添加了一個新的 `product()` 方法,並且為它添加對應的 url 路徑 `/product`,程式如下:

```java
ⓒ MyController.java ✕
1    package com.example.demo;
2
3    import org.springframework.web.bind.annotation.RequestMapping;
4    import org.springframework.web.bind.annotation.RestController;
5
6    @RestController
7    public class MyController {
8
9        @RequestMapping("/test")
10       public String test() {
11           System.out.println("Hi!");
12           return "Hello World";
13       }
14
15       @RequestMapping("/product")
16       public String product() {
17           return "第一個是蘋果、第二個是橘子";
18       }
19   }
```

▲ 圖 17-1　回顧 MyController 中的實作

所以目前當前端去請求 http://localhost:8080/product 時，後端 Spring Boot
程式就會在 response body 中，返回「第一個是蘋果、第二個是橘子」的數
據給前端。

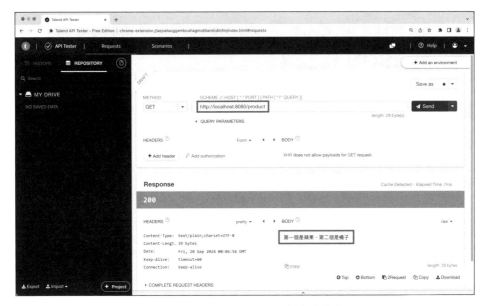

▲ 圖 17-2 回顧 API Tester 中的請求結果

不過在我們了解了 JSON 格式的寫法之後，我們就可以將「第一個是蘋果，第二個是橘子」這種人類語言的字串，改成是以下列的 JSON 格式來撰寫：

```
{
    "productList": ["蘋果", "橘子"]
}
```

所以在這個章節中，我們的目標，就是要去修改 MyController 中的 product() 方法，將它的 return 返回值，從「第一個是蘋果，第二個是橘子」這個字串，改成是返回上面的 JSON 格式的數據，進而返回 JSON 格式的數據給前端。

17.2　如何將 Spring Boot 的返回值轉換成 JSON 格式？

如果我們想要改變 Spring Boot 程式中的某個方法，將他的返回值轉換成是 JSON 格式的話，那會需要兩個步驟：

1. 在該 class 上面加上 `@RestController`
2. 將該方法的返回值，改成是「Java 中的物件」

只要完成了這兩個步驟，就可以將返回給前端的數據，改成是以 JSON 格式來呈現了！

17.2.1　步驟一：在 class 上面加上 @RestController

在 Spring MVC 中，有一個非常厲害的註解 `@RestController`，他可以說是集多功能於一身的註解。只要在某個 class 上面，加上了 `@RestController` 之後，那麼就可以達到以下的效果：

- 使這個 class 成為一個 Bean
- 讓該 class 中的 `@RequestMapping` 能夠生效
- 能夠將返回值自動轉成 JSON 格式

因此 `@RestController` 在使用上可以說是非常的方便，一箭三鵰！

像是我們在實作 MyController 時，其實就已經有加上 `@RestController` 這個註解了：

```java
© MyController.java ×
 1      package com.example.demo;
 2
 3      import org.springframework.web.bind.annotation.RequestMapping;
 4      import org.springframework.web.bind.annotation.RestController;
 5
 6      @RestController
 7Ⓢ     public class MyController {
 8
 9          @RequestMapping("/test")
10Ⓖ         public String test() {
11              System.out.println("Hi!");
12              return "Hello World";
13          }
14
15          @RequestMapping("/product")
16Ⓖ         public String product() {
17              return "第一個是蘋果、第二個是橘子";
18          }
19      }
```

▲ 圖 17-3　MyController 上的 @RestController

所以只要在 class 上面添加 @RestController，就可以完成步驟一的實作。

17.2.2 步驟二：將該方法的返回值，改成是「Java 物件」

當我們有在 class 上面加上 @RestController 之後，那麼下一步，我們就是要將這個方法的返回值，改成是「**Java 物件**」。

這裡的運作邏輯是這樣的：首先 Spring Boot 程式會將 Java class 中的變數，一一的去轉換成 JSON 格式中的 key，並且該 key 的 value 值，就是 Java class 中的變數所儲存的值。

這個聽起來確實有點複雜，所以我們可以透過一個例子，來了解一下它的運作邏輯。

舉例來說，假設我們有一個 Student class，並且它裡面有兩個變數，一個是 Integer 類型的 id、另一個是 String 類型的變數 name，以及這兩個變數各自的 `getter()` 和 `setter()` 方法。

```java
public class Student {

    private Integer id;
    private String name;

    public Integer getId() {
        return id;
    }

    public void setId(Integer id) {
        this.id = id;
    }

    public String getName() {
        return name;
    }

    public void setName(String name) {
        this.name = name;
    }
}
```

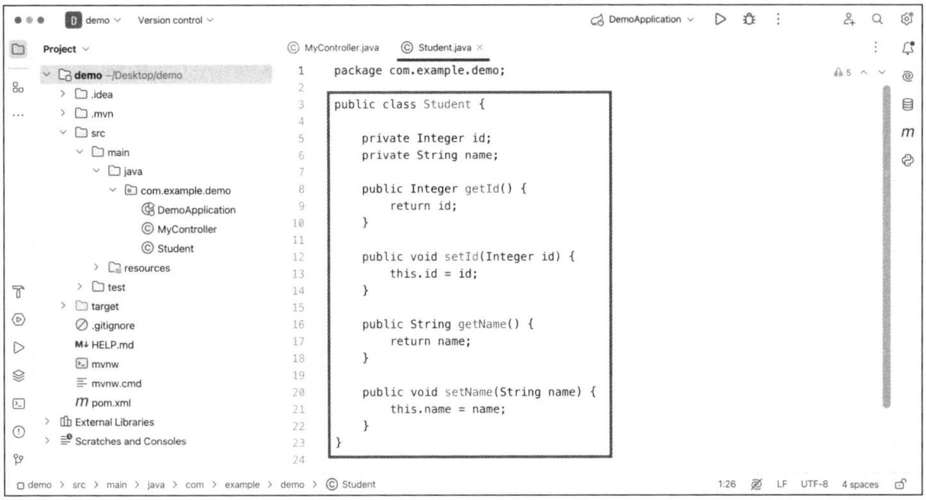

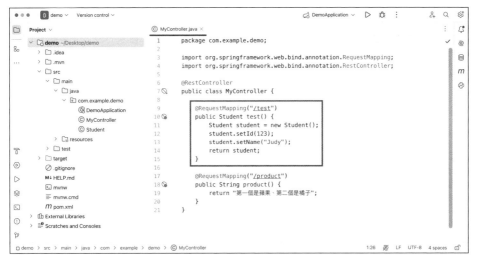

▲ 圖 17-4　Student 的程式實作

此時，如果我們改寫一下 MyController 中的 `test()` 方法，將它的返回值，改成是回傳 Student 類型的話：

▲ 圖 17-5　修改過後的 test() 方法

那麼這個時候，當前端來請求 http://localhost:8080/test 時，Spring Boot 就會執行第 11 ～ 14 行的程式，並且最後去回傳一個 student 物件給前端。

而在 Spring Boot 回傳 student 物件給前端時，**Spring Boot 就會將這個 student 物件，轉換成 JSON 格式，最後才去傳遞給前端**，因此前端所收到的結果，就會是 JSON 格式的數據了！

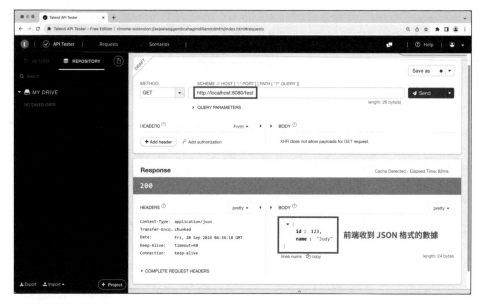

▲ 圖 17-6　修改過後的 test() 方法的請求結果

所以透過這個邏輯，我們就可以用一樣的方式，去改寫 `product()` 方法，將它的返回值，從 String 類型改為是其他的 Java 物件，這樣子就可以回傳 JSON 格式的數據給前端了！

所以我們可以先去創建一個新的 class，該 class 的名字為 Store，並且其中
的程式如下：

```java
public class Store {

    public List<String> productList;

    public List<String> getProductList() {
        return productList;
    }

    public void setProductList(List<String> productList) {
        this.productList = productList;
    }

}
```

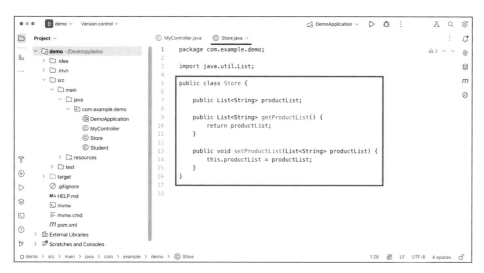

▲ 圖 17-7　Store 程式實作

接著，我們改寫一下 `product()` 方法，將返回的類型改成是 Store，並且在 `product()` 方法的實作中，將「蘋果」和「橘子」這兩個值，添加到 store 中的 productList 變數裡面：

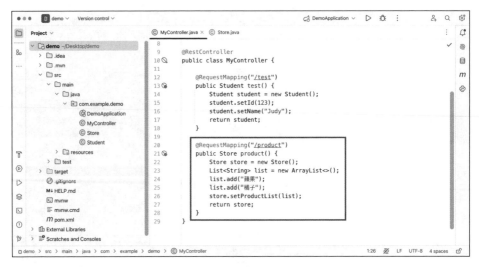

▲ 圖 17-8　修改過後的 product() 方法

所以後續當前端來請求 http://localhost:8080/product 時，Spring Boot 就會執行第 22 ～ 27 行的程式，並且最後去回傳一個 store 物件給前端。

而當 Spring Boot 在回傳 store 物件給前端時，**Spring Boot 就會將這個 store 物件，轉換成 JSON 格式，最後才去傳遞給前端**，因此前端所收到的結果，就也會是 JSON 格式的數據了！

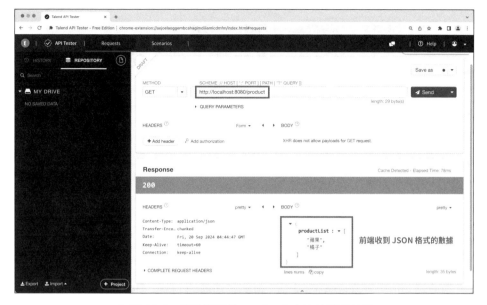

▲ 圖 17-9　修改過後的 product() 方法的請求結果

17.2.3　小結：將返回值轉換成 JSON 格式的步驟

所以總合上面的介紹，我們總共只需要兩個步驟，就可以「將返回值轉換為 JSON 格式」了，而這兩個步驟分別是：

1. 在該 class 上面加上 `@RestController`
2. 將該方法的返回值，改成是「Java 中的物件」

只要完成這兩個步驟，**Spring Boot 就會自動在回傳數據給前端之前，將「Java 物件」轉換成「JSON 格式」**，因此前端最終收到的數據，就會是 JSON 的格式了！

所以我們以後就可以透過這個方法，使用 JSON 格式和前端溝通，讓彼此之間的數據傳遞變的更簡潔了。

227

17.3 補充：@Controller 和 @RestController 的差別在哪裡？

在前面的介紹中，我們有提到 @RestController 的用法，而只要提到 @RestController，通常就會一起介紹另一個長得很像的註解，也就是 @Controller。

@Controller 和 @RestController 的用途有點類似，不過它們之間還是有一點差別的，它們的共同點和差別如下：

共同點：

- 兩者都可以將 class 變成 Bean、也都可以使該 class 中的 @RequestMapping 生效

差別：

- @Controller：將方法的返回值，**自動轉換成前端模板的名字**
- @RestController：將方法的返回值，**自動轉換成 JSON 格式**

所以從上面的比較中可以發現，**@Controller** 和 **@RestController** 之間最大的差別，就是「轉換返回值的方式不同」而已。

在以前的時代，後端工程師會使用 @Controller 去返回前端的模板給使用者，不過隨著前後端分離的盛行以及 JSON 格式的崛起，因此目前大部分的程式，都是改用 @RestController 來實作，進而回傳 JSON 的數據給前端了。

所以就建議大家，在實作上可以優先使用 @RestController 去回傳 JSON 格式的數據給前端；只有在使用 JSP 或是 Thymeleaf 這類的前端模板引擎時，才需要改用 @Controller，因此這個細節，也是要麻煩大家再注意一下。

> **補充**
>
> 隨著時代的發展，JSP 和 Thymeleaf 這類的技術已經越來越少使用，所以
> `@Controller` 現在其實已經很少被使用了。因此目前在實務上，絕大多數
> 都還是以 `@RestController` 為主，大家只要先熟悉 `@RestController` 的
> 用法即可。

17.4　章節總結

這個章節我們有去活用了前面所學到的內容，將 Spring Boot 所返回給
前端的字串，改成是以 JSON 的格式來返回，並且我們也有去補充了
`@Controller` 和 `@RestController` 的差別，提供給大家參考。

那麼到這邊為止，我們大致了解 Spring MVC 的基本用法了，像是我們知道：

- 要如何使用 `@RequestMapping`，去進行 url 路徑的對應
- 要如何使用 `@RestController`，返回 JSON 格式的數據給前端
- JSON 格式的語法

所以到目前為止，我們已經可以成功的接受前端傳過來的請求，並且也能夠
成功的回傳 JSON 數據給前端了，也就是完成了一次完整的 Http 溝通。這
幾個章節所介紹的概念非常的重要，在實務上的使用頻率也很高，所以建議
大家可以多熟悉一下這邊的實作方式。

那麼在大家對 Spring MVC 有一個初步的認識之後，接下來的章節，我們就
會繼續來探索 Http 協議的其他部分，繼續介紹 Spring MVC 的相關用法。

所以下一個章節，我們就會接著來介紹 Http 協議中的「Http method」，分別
去介紹什麼是 GET、什麼又是 POST，並且要在什麼時機點去使用它們，那
我們就下一個章節見啦！

Note

常見的 Http method—GET 和 POST

在前面的章節中，我們有介紹了 Spring MVC 的 `@RequestMapping` 和 `@RestController` 的用法，所以我們現在已經可以接住前端傳過來的請求，並且也能夠回傳 JSON 數據給前端了。

那麼這個章節，我們就會回頭來介紹 Http 協議的其他部分，繼續探索 Http 協議的用法。所以這個章節，我們就先來介紹 Http method 是什麼，以及常見的 Http method 有哪些。

18.1 回顧：什麼是 Http method？

在一個 Http reqeust 中，我們除了一定要填上 url 之外，另一個必填的資訊，就是 Http method。

Http method 所表示的，是這一次的請求所使用的「請求方法」，它的值有好幾種可以選，像是 GET、POST、PUT、DELETE……等等，不同的請求方法，會有不同的特性。

而在這個章節中，我們會介紹使用上最廣泛的兩個 Http method，也就是 GET 和 POST 的用法。

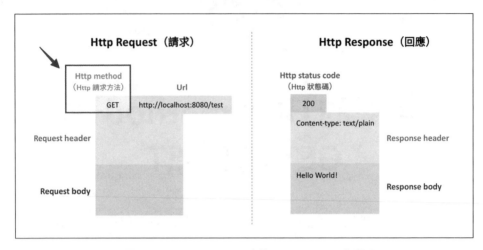

▲ 圖 18-1　Http Request 中的 Http method 的部分

18.2　GET 的用法和特性

GET 是最常使用的 Http method，大家可以把 GET 想像成是「明信片」的概念，所以換句話說，就是**「當你使用 GET 方法時，你所傳遞的參數就會被別人所看見」**。

> **補充**
>
> 前端在發起 Http request 時，其實也是有能力「傳遞參數」給後端的，在後面的章節中，我們也會詳細介紹「如何傳遞參數」的實作。

也因為當前端使用 GET 方法來請求時，它所傳遞的參數是完全公開的、可以被大家看見，因此這就像是明信片一樣，你所寫的信件內容全部都會被大家所看見，所以才會説 GET 是明信片的概念。

以下面這張圖為例,當我們在使用 GET 方法時,如果我們想要傳遞參數的話,那就只能夠在 url 的最後面,寫上 `id=123&name=Judy` 的字串,表示我們要傳遞兩個參數,一個是「id 為 123」、另一個是「name 為 Judy」的資訊。

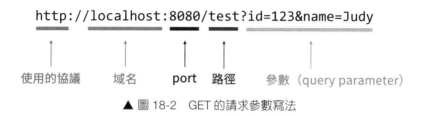

▲ 圖 18-2　GET 的請求參數寫法

在撰寫 GET 方法的參數時,有兩個重點要注意:

■ **參數以 `key=value` 的格式來撰寫**,像是 `id=123` 就是表示「id 的值為 123」的意思。

■ **參數之間要以 `&` 隔開**,像是在上面的例子中,在 `id=123` 這組參數後面,就先寫上了一個 `&`,然後才寫上下一組參數 `name=Judy`,所以其中的這個 `&`,就是用來隔開 `id=123` 和 `name=Judy` 這兩組參數。

補充

有關這種在 url 的最後面添加參數的寫法,我們會把這些參數稱為是 query parameter,因此上圖中的 `id=123&name=Judy`,它們就稱為是 query parameter 參數。

所以當前端使用 GET 來請求時,就必須將參數(query parameter)添加在 url 的最後面,而又因為 url 是公開的、大家都可以看見所有資訊,因此「**當前端使用 GET 方法時,它所傳遞的參數就會被別人看見**」,所以 **GET** 也被稱為是明信片的概念。

18.3　POST 的用法和特性

除了 GET 之外，另一個也很常使用的 Http method，就是 POST 了！

POST 也是很常使用的 Http method 之一，大家可以把 POST 想像成「信封」的概念，所以換句話說，就是「**當你使用 POST 方法時，你所傳遞的參數就可以隱藏起來，不會被別人看見**」。

當我們使用 POST 請求時，前端「**要將參數放在 request body 中做傳遞**」，並且由於 request body 在傳遞的過程中會整個被封裝起來，不會被別人看見，因此放在裡面的參數就不會洩漏，所以才會說 POST 是信封的概念（因為請求的參數不會被別人看見）。

舉例來說，當我們使用 POST 來請求時，就可以將請求參數放在 request body 中來傳遞，像是可以在 request body 中使用 JSON 格式來傳遞「id 的值為 123、name 的值為 Judy」的資訊，如下圖所示：

```
Url            http://localhost:8080/test

               {
Request body       "id": 123,
                   "name": "Judy"
               }
```

▲ 圖 18-3　POST 的請求參數寫法

也因為在使用 POST 方法時，我們所傳遞的參數都會放在 request body 中來傳遞，而 request body 又是會被封裝起來、不會公開給所有人看見，這就像是信封一樣，你所寫的內容會被好好的收在信封裡面，不會被別人看見，所以「**當前端使用 POST 方法時，他所傳遞的參數就可以隱藏起來，不會被別人看見**」，所以 **POST** 也被稱為是信封的概念。

> **補充**
>
> 透過上面的例子中也可以發現一個亮點，就是在 request body 中的參數
> 格式，會是以 JSON 格式來撰寫的！因此結合上一個章節所介紹的內容
> 的話：
>
> - 不僅後端在回傳數據給前端時，會使用 JSON 格式來回傳。
> - 就連前端在使用 POST 方法，傳遞請求參數給後端時，也會使用
>   JSON 的格式來傳遞參數。
>
> 因此 JSON 可以說是應用非常廣泛的格式，所以這也是為什麼學好
> JSON 格式是非常重要的原因，因為它在使用上實在是太頻繁了，所以
> 不論大家是前端還是後端工程師，都非常推薦熟練掌握 JSON 格式！

18.4 GET 和 POST 的比較

所以總結上面的介紹的話，我們可以將 GET 和 POST 的特性列成下面這張
表格：

	GET	POST
概念	明信片	信封
用途	將參數添加在 url 後面傳遞	將參數放在 request body 中來傳遞（使用 JSON 格式）
參數可見度	所有人都能看到參數的資訊，安全性較低	參數是不公開的，大家看不見傳遞什麼參數，因此安全性較高

18.5 章節總結

這個章節我們介紹了 Http method 中常用的兩個 method，也就是 GET 和 POST，並且也介紹了它們在傳遞參數之間的差別。

在了解了 GET 和 POST 傳遞參數的差別之後，接著下一個章節，我們就會回到 Spring Boot 上，來介紹要如何在 Spring Boot 中，去接住前端傳遞過來的參數，那我們就下一個章節見啦！

取得請求參數 (上)—
@RequestParam、
@RequestBody

在上一個章節中，我們有介紹 Http method 的概念，並且也有介紹常見的
Http method：GET 和 POST，了解他們是如何傳遞參數給後端的。

那麼接著的這個章節，我們就會回到 Spring Boot 上，來介紹一下要如何在
Spring Boot 中，去接住前端傳遞過來的參數。

不過因為在 Spring Boot 中，有許多種寫法都可以去接住前端傳過來的參
數，因此這邊我們就會分成上、下兩個章節來介紹，所以這個章節，我們就
來介紹 `@RequestParam` 和 `@RequestBody` 的用法吧！

19.1 在 Spring Boot 中取得請求參數的四個
註解

在 Spring Boot 中，有四個註解可以去接住前端傳遞過來的參數，分別是：

- `@RequestParam`
- `@RequestBody`
- `@RequestHeader`
- `@PathVariable`

這四個註解雖然長得有點像（都是以 `@Request` 開頭），但是它們的功能是完全不同的！所以接下來這兩個章節，我們就會分別來介紹這四個註解要如何使用。

因此這個章節，我們先來介紹前兩個註解，也就是 `@RequestParam` 和 `@RequestBody` 的用法。

19.2 接住添加在 url 後面的參數： @RequestParam

19.2.1 @RequestParam 用法介紹

`@ReqeustParam` 的用途，就是去「接住放在 url 後面的參數」，所以像是我們在上一個章節中所介紹到的 GET 方法，就是把參數放在 url 的最後面來傳遞：

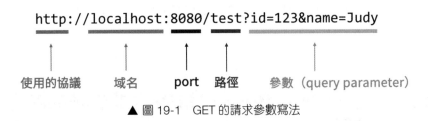

```
http://localhost:8080/test?id=123&name=Judy
```

使用的協議　　域名　　port　路徑　　參數（query parameter）

▲ 圖 19-1　GET 的請求參數寫法

因此當前端使用 GET 方法來請求時，我們在 Spring Boot 程式中，就會使用 `@RequestParam` 去接住前端傳遞過來的參數。

19.2.2　在 Spring Boot 中練習 @RequestParam 的用法

如果我們想要在 Spring Boot 程式中運用 `@RequestParam` 的話，那麼就可以照著下面的方式來運用。

舉例來說，假設前端今天使用 GET 方法來請求，並且前端在 url 的最後面，加上一個 `id=123` 的參數的話，那麼實際的請求就會長得像是下面這個樣子：

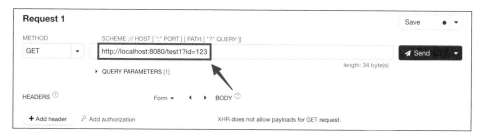

▲ 圖 19-2　API Tester 中的 GET 的請求參數寫法

這個時候，如果我們想要在 Spring Boot 程式中去接住 `id=123` 的參數的話，那麼我們就可以像下圖一樣，在 `test1()` 方法的實作中，先新增一個 Integer 類型的參數 id，並且在這個參數的前面，去加上一個 `@RequestParam`，這樣子就可以成功的取得到前端傳遞過來的參數的值了！

```
Url  http://localhost:8080/test1?id=123
```

```
@RestController
public class MyController {

    @RequestMapping("/test1")
    public String test1(@RequestParam Integer id) {
        System.out.println("id 的值為: " + id);
        return "請求成功";
    }
}
```

▲ 圖 19-3　將 url 中的參數轉換成 Spring Boot 中的參數

所以如果我們實際到 Spring Boot 上練習的話，就只要改寫一下 MyController，將它改成下面的程式：

```java
@RestController
public class MyController {

    @RequestMapping("/test1")
    public String test1(@RequestParam Integer id) {
        System.out.println("id 的值為: " + id);
        return "請求成功";
    }
}
```

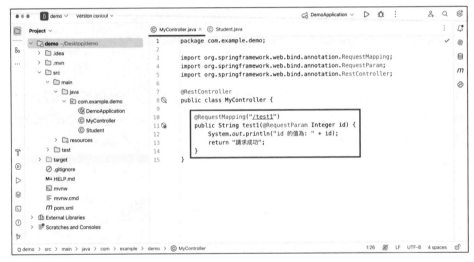

▲ 圖 19-4　MyController 的程式實作

修改好 MyController 之後，接著運行 Spring Boot 程式，並且在 API Tester 中，在 Http method 中選擇 GET 方法、url 填上 http://localhost:8080/test1?id=123。

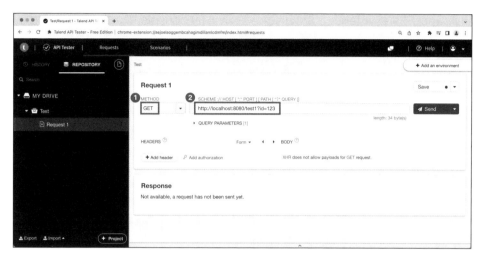

▲ 圖 19-5　API Tester 的請求參數設定

這時候當我們按下 Send 鍵時，在右下角的 response body 中，就會出現 Spring Boot 所回傳的「請求成功」訊息。

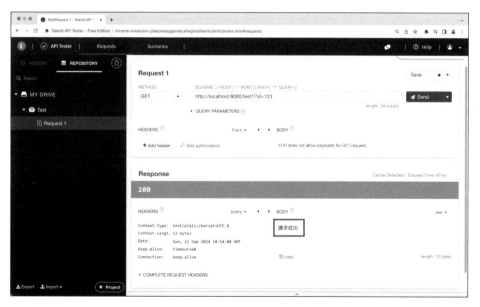

▲ 圖 19-6　API Tester 中呈現的請求結果

此時當我們回到 IntelliJ 上查看的話，在下方的 console 中，就會出現「id 的值為：123」的字串。

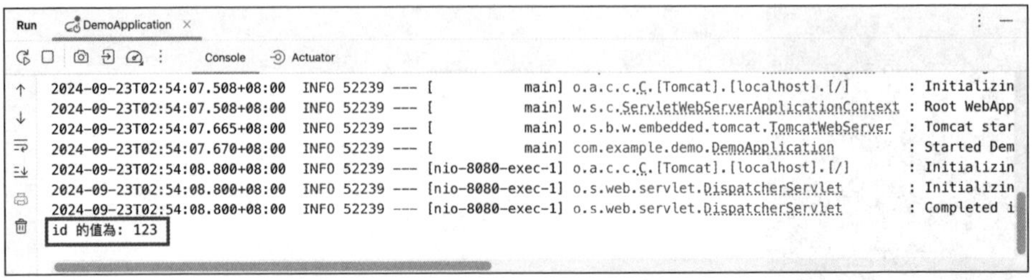

▲ 圖 19-7　Spring Boot 程式的運行結果

所以這就表示，我們就成功的透過 `@RequestParam`，接住前端放在 url 中傳遞的參數了！

19.2.3　使用 @RequestParam 的注意事項之一：參數名稱需一致

在使用 `@RequestParam` 去接住 url 後面的參數時，首先有一個重點需要注意，就是在 **Spring Boot** 中所使用的「**變數的名稱**」，必須要和「**url 參數中的名稱**」一樣才可以。

所以換句話說，假設 url 中所添加的參數是 `id=123`，那麼在 Spring Boot 中所使用的參數名稱，就必須是 `id`；如果 url 中所添加的參數是 `name=Judy`，那麼在 Spring Boot 中所使用的參數名稱，就必須是 `name`。

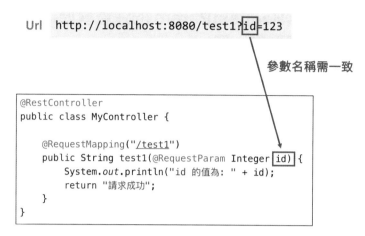

Url `http://localhost:8080/test1?id=123`

參數名稱需一致

```
@RestController
public class MyController {

    @RequestMapping("/test1")
    public String test1(@RequestParam Integer id) {
        System.out.println("id 的值為: " + id);
        return "請求成功";
    }
}
```

▲ 圖 19-8　@RequstParam 的注意事項之一

因此當參數名字不一致時，`@RequestParam` 就沒有辦法成功取得到 url 中的參數的，所以大家在使用上，要特別注意這個部分。

> **補充**
>
> 如果真的發生參數名字不一致的情況，那麼透過一些特殊的設定，也是可以讓 `@RequestParam` 取得到不同參數名字的值的。
>
> 舉例來説，假設前端傳遞的參數為 `myId=123`，如果在 Spring Boot 中想要使用 id 來接住此參數的話，在實作上就必須要改寫成 `@RequestParam(name = "myId") Integer id`，才能夠將前端的 `myId=123` 的值，儲存在 id 這個變數中。
>
> 不過一般在實作上，其實不太會這樣實作，還是會盡量讓「前端傳遞的參數」以及「Spring Boot 使用的參數名稱」一致，因此建議大家一開始在學習時，盡量讓參數名字一致，比較不會出現問題！

19.2.4 使用 @RequestParam 的注意事項之二：參數類型需一致

使用 `@RequestParam` 接住 url 參數的第二個注意事項，就是「參數的類型需要一致」。

舉例來說，假設前端在 url 中所添加的參數是 `id=123`，那麼這就是在暗示 id 的值是一個整數，因此我們在 Spring Boot 程式中，就需要將 id 參數宣告為 Integer 類型（或是 int 類型），這樣子才能夠成功接住前端所傳過來的參數。

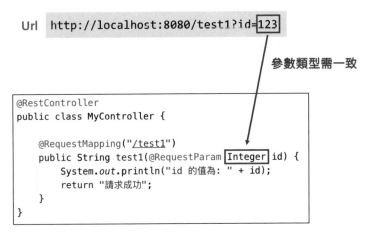

▲ 圖 19-9　@RequstParam 的注意事項之二

但如果前端在 url 中所添加的參數是 `name=Judy`，那就是在暗示 name 的值是一個字串，因此我們在 Spring Boot 中，就需要將 name 參數宣告為 String 類型，這樣子才能夠成功接住前端所傳過來的參數。

所以只有當類型一致時，Spring Boot 才有辦法成功的接住該參數，否則的話，Spring Boot 就會回傳請求失敗的資訊給前端。

19.2.5　小結：所以，**@RequestParam** 要如何使用？

綜合以上的介紹，所以現在我們知道，當前端將參數添加在 url 的後面來傳遞時，我們就可以使用 `@ReqestParam`，去接住前端所傳過來的參數了！

而在使用 `@RequestParam` 時，要注意以下事項：

- 參數的名稱要一致（無特殊的設定下）
- 參數的類型要一致

只要把握好上面兩個注意事項，就可以順利的使用 `@RequestParam`，去接住前端所傳過來的參數了！

19.3　接住放在 request body 中的參數：@RequestBody

19.3.1　**@RequestBody** 用法介紹

了解如何使用 `@RequestParam` 取得添加在 url 中的參數之後，接著我們可以來看一下，要如何透過 `@RequestBody`，去取得前端放在 request body 中的參數。

@RequestBody 的用途，就是去「接住放在 **request body** 中的參數」，所以像是我們在上一個章節中所介紹到的 POST 方法，它就是會把參數放在 request body 中來傳遞：

Url `http://localhost:8080/test`

Request body
```
{
    "id": 123,
    "name": "Judy"
}
```

▲ 圖 19-10　POST 的請求參數寫法

因此如果我們想要接住 request body 中的參數的話，那麼我們在 Spring Boot 程式中，就要使用 `@RequestBody` 去接住這些參數。

19.3.2　在 Spring Boot 中練習 @RequestBody 的用法

如果要在 Spring Boot 程式中運用 `@RequestBody` 的話，可以照著下面的方式來運用。

舉例來說，假設前端今天使用 POST 方法來請求，並且前端在 request body 中添加了 JSON 格式的參數的話，那麼實際的請求就會長得像是下面這個樣子：

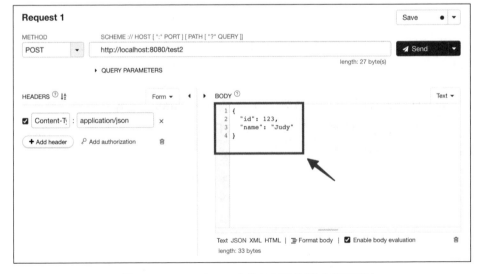

▲ 圖 19-11　API Tester 中的 POST 的請求參數寫法

而如果我們想要在 Spring Boot 程式中，去接住這個 JSON 格式的參數的話，那麼我們首先要做的，就是**先去創建一個 Java class 出來，並且這個 Java class 中的變數，會和這個 JSON 格式的數據「一一對應」**。

像是我們可以先去 new 一個 Student class 出來，並且在 Student 中添加下列的程式：

```java
public class Student {

    private Integer id;
    private String name;

    public Integer getId() {
        return id;
    }

    public void setId(Integer id) {
        this.id = id;
    }

    public String getName() {
        return name;
    }

    public void setName(String name) {
        this.name = name;
    }
}
```

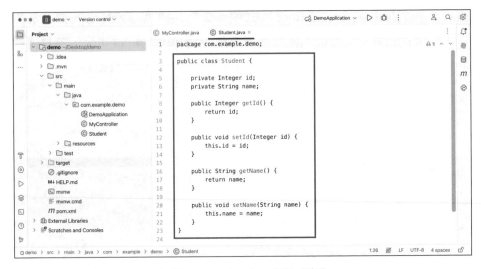

▲ 圖 19-12　Student 的程式實作

當我們這樣寫之後，就是去創建了一個「和 JSON 格式一一對應的 Student class」出來了！

之所以說這個 Student class 是和 JSON 格式一一對應，是因為在 JSON 格式中有兩個 key 存在，分別是 id（整數）和 name（字串）；而在 Student class 中，也有兩個變數，變數名稱也是 id 和 name，並且 id 也為整數類型、name 也為字串類型。

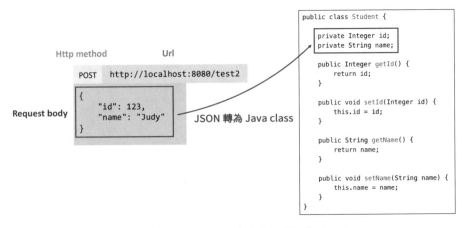

▲ 圖 19-13　將 request body 中的參數轉換為 Student class

當我們創建出「和 JSON 格式一一對應的 Student class」之後，Spring Boot 到時候就會自動將 request body 中的 JSON 參數，一口氣轉換成 Student class 了！

所以我們後續，就可以結合這個 Student class 以及 `@RequestBody` 的用法，在 Spring Boot 程式中接住前端所傳過來的參數了。

所以我們可以先新增一個方法 `test2()`，並且在 `test2()` 方法的實作中，先新增一個 Student 類型的參數 student，並且在這個參數的前面，去加上一個 `@RequestBody`。

```java
@RequestMapping("/test2")
public String test2(@RequestBody Student student) {
    System.out.println("student 中的 id 值為: " + student.getId());
    System.out.println("student 中的 name 值為: " + student.getName());
    return "請求成功";
}
```

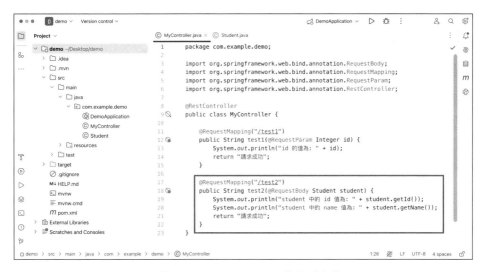

▲ 圖 19-14　MyController 的程式實作

這樣子到時候，Spring Boot 就會將 request body 中的 JSON 參數，轉換成是我們自定義的 Student class，因此我們就能成功的取得到前端所傳遞過來的參數的值了！

修改好 MyController 之後，接著我們可以運行一下 Spring Boot 程式，並且在 API Tester 中，在 Http method 中選擇 POST 方法、url 填上 http://localhost:8080/test2、request body 中填上下列的 JSON 參數：

```
{
    "id": 123,
    "name": "Judy"
}
```

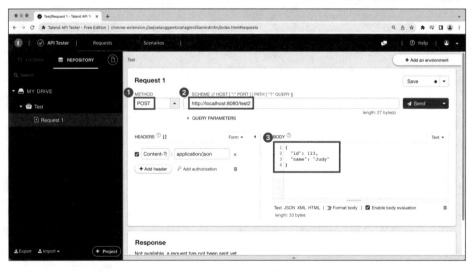

▲ 圖 19-15　API Tester 的請求參數設定

這時候當我們按下 Send 鍵時，在右下角的 response body 中，就會出現 Spring Boot 所回傳的「請求成功」的訊息。

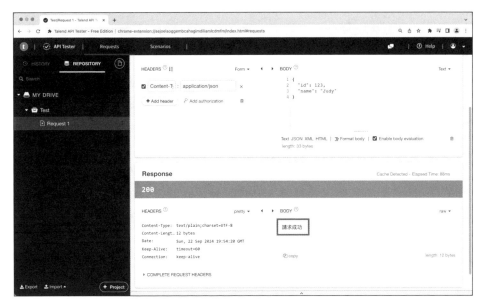

▲ 圖 19-16　API Tester 中呈現的請求結果

此時當我們回到 IntelliJ 上查看的話，在下方的 console 中，就會出現「student 中的 id 的值為：123」、「student 中的 name 的值為：Judy」的字串。

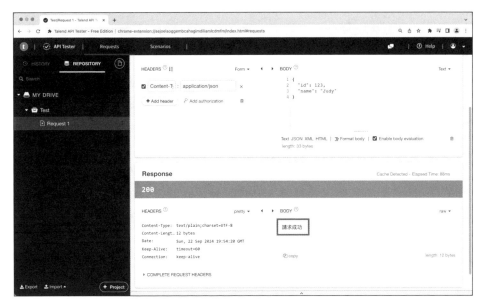

▲ 圖 19-17　Spring Boot 程式的運行結果

所以這就表示，我們就成功的透過 `@RequestBody`，接住前端放在 request body 中所傳遞的 JSON 參數了！所以大家以後就可以透過這個用法，在 Spring Boot 程式中接住前端傳遞過來的參數了。

19.4　章節總結

這個章節我們先列出了 Spring Boot 中提供的四種取得前端參數的註解，並且詳細的去介紹了 `@ReqestParam` 和 `@RequestBody` 的用法，了解要如何透過這兩個註解，分別去取得「前端添加在 url 最後面的參數」、以及取得「前端放在 request body 中的 JSON 參數」。

那麼下一個章節，我們就會接著來介紹另外兩個取得前端參數的註解，也就是 `@RequestHeader` 和 `@PathVariable`，那我們就下一個章節見啦！

20

取得請求參數（下）— @RequestHeader、 @PathVariable

在上一個章節中，我們有介紹了 `@ReqestParam` 和 `@RequestBody` 的用法，了解要如何透過這兩個註解，分別去取得「前端添加在 url 最後面的參數」，以及取得「前端放在 request body 中的 JSON 參數」。

那麼這個章節，我們就會來介紹另外兩個取得前端參數的註解，也就是 `@RequestHeader` 和 `@PathVariable`，所以我們就開始吧！

20.1 接住放在 request header 中的參數： @RequestHeader

20.1.1 @RequestHeader 用法介紹

`@RequestHeader` 的用途，就是去「接住放在 request header 中的參數」。

雖然我們一般在開發上，不太會用到 request header 來傳遞參數（通常是只有「權限驗證」或是「通用資訊」，才會使用 request header 來傳遞），但是我們在這裡，仍舊可以了解一下 `@RequestHeader` 的用途為何。

20.1.2 在 Spring Boot 中練習 @RequestHeader 的用法

如果我們想要在 Spring Boot 程式中運用 `@RequestHeader` 的話，那就可以照著下面的方式來運用。

舉例來説，如果前端在請求時，想要在 request header 中添加參數的話，那麼就可以在 API Tester 中，先去點擊 Add header 的按鈕，就可以去添加一個新的 request header 出來。

▲ 圖 20-1　API Tester 中的 request header 請求參數寫法一

點擊 Add header 之後，我們就可以在此處添加一組 request header。在 request header 中，它的參數也是透過 key 和 value 的方式來存放的，所以像是在下圖中，info 就是這個 request header 的 key、而 hello 就是它的 value 值。

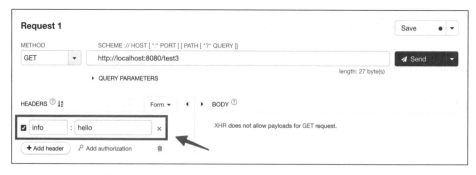

▲ 圖 20-2　API Tester 中的 request header 請求參數寫法二

因此到時候，前端就可以在請求時，將 `info: hello` 這個 request header 的
資訊，一起去傳遞給後端了。

而當前端傳遞 request header 的資訊過來時，如果我們想要在 Spring Boot
程式中去接住這個 `info: hello` 的 request header 的話，那麼我們就可以像
下圖一樣，在 `test3()` 方法的實作中，先新增一個 String 類型的參數 info，
並且在這個參數的前面，去加上一個 `@RequestHeader`，這樣子就可以成功的
取得到前端傳遞過來的參數的值了！

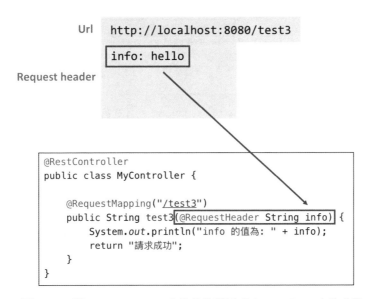

▲ 圖 20-3　將 request header 中的參數轉換成 Spring Boot 中的參數

所以我們可以在 MyController 添加下面這一段 `test3()` 方法：

```
@RequestMapping("/test3")
public String test3(@RequestHeader String info) {
    System.out.println("info 的值為: " + info);
    return "請求成功";
}
```

255

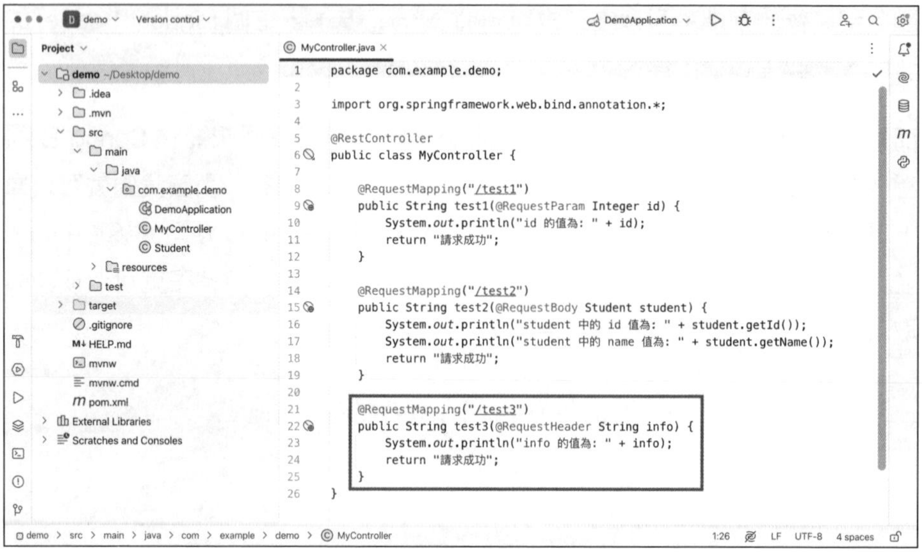

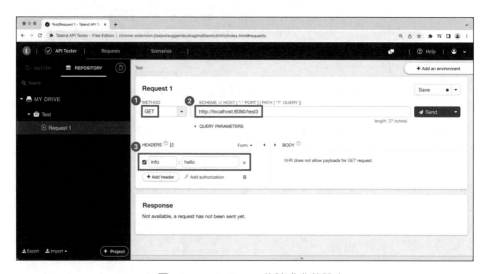

▲ 圖 20-4　MyController 的程式實作

修改好 MyController 之後，接著我們運行一下 Spring Boot 程式，並且在 API Tester 中，在 Http method 中選擇 GET 方法、url 填上 http://localhost:8080/test3、然後 request header 的地方添加 `info: hello` 這一組數據。

▲ 圖 20-5　API Tester 的請求參數設定

這時候當我們按下 Send 鍵時，在右下角的 response body 中，就會出現 Spring Boot 所回傳的「請求成功」訊息。

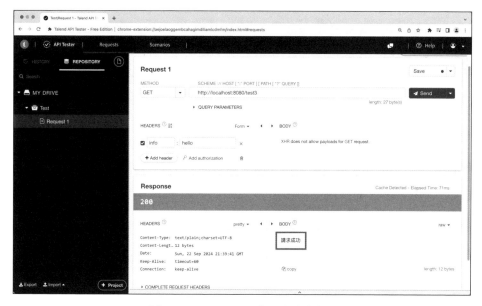

▲ 圖 20-6　API Tester 中呈現的請求結果

此時當我們回到 IntelliJ 上查看的話，在下方的 console 中，就會出現「info 的值為：hello」字串。

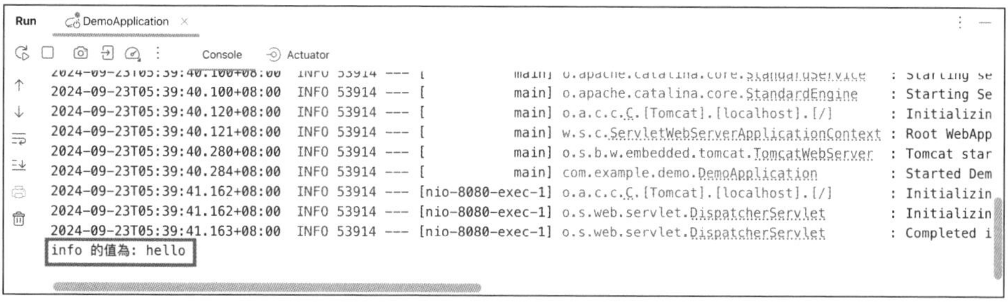

▲ 圖 20-7　Spring Boot 程式的運行結果

所以這就表示，我們就成功的透過 `@RequestHeader`，接住前端放在 request header 中傳遞的參數了！

20.2　接住放在 url 路徑中的值： @PathVariable

20.2.1　@PathVariable 用法介紹

了解了前面三個註解的用法之後，接著我們來介紹最後一個註解，也就是 @PathVariable 的用法。

@PathVariable 的用途，就是去「接住放在 url 路徑中的值」，這句話的重點在於「url 路徑」，這也是 @PathVariable 和其他三個註解最不一樣的地方。

舉例來說，假設我們有一個 url 如下：

```
http://localhost:8080/test4/123
```

在這段 url 網址中，它的 url 路徑為 /test4/123，如果我們想要取得到 /test4/123 中的 123 的值，就可以透過 @PathVariable 來取得。

> **補充**
>
> 此處大家先不用思考為什麼我們需要讀取 url 路徑中的值，只要先了解 @PathVariable 的用途就好，後續會再來解釋 @PathVariable 的應用場景為何。

20.2.2　在 Spring Boot 中練習 @PathVariable 的用法

如果我們想要在 Spring Boot 程式中運用 @PathVariable 的話，那麼我們可以這樣做。

舉例來說，假設前端今天請求了 http://localhost:8080/test4/123 這個 url：

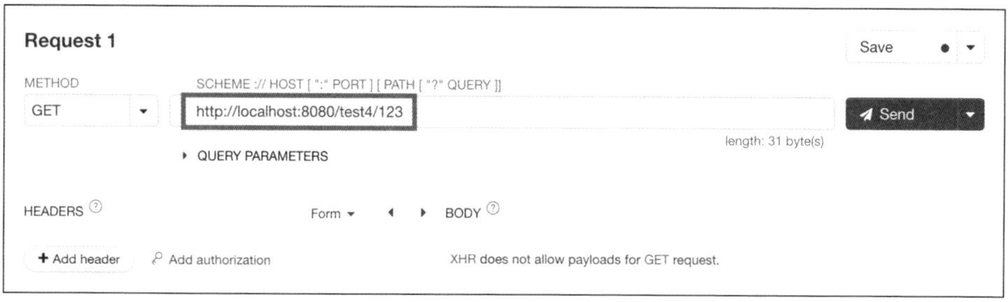

Request 1

METHOD	SCHEME :// HOST [":" PORT] [PATH ["?" QUERY]]
GET ▼	http://localhost:8080/test4/123

▶ QUERY PARAMETERS

length: 31 byte(s)

HEADERS ⑦   Form ▼   ◀ ▶   BODY ⑦

+ Add header   🔑 Add authorization   XHR does not allow payloads for GET request.

▲ 圖 20-8　API Tester 中的 url 路徑寫法

那麼在這個 url 裡面，它的 url 路徑即是 `/test4/123`。

這時候，如果我們想要在 Spring Boot 程式中，去接住 url 路徑中的 `123` 的話，那我們就必須要做兩件事：

首先我們要先修改一下 `@RequestMapping` 的寫法，即是將 `@RequestMapping` 所對應的 url 路徑改寫成 `@RequestMapping("/test4/{id}")`，這樣子到時候，Spring Boot 才能夠把上述的 url，去對應到 `test4()` 的方法上。

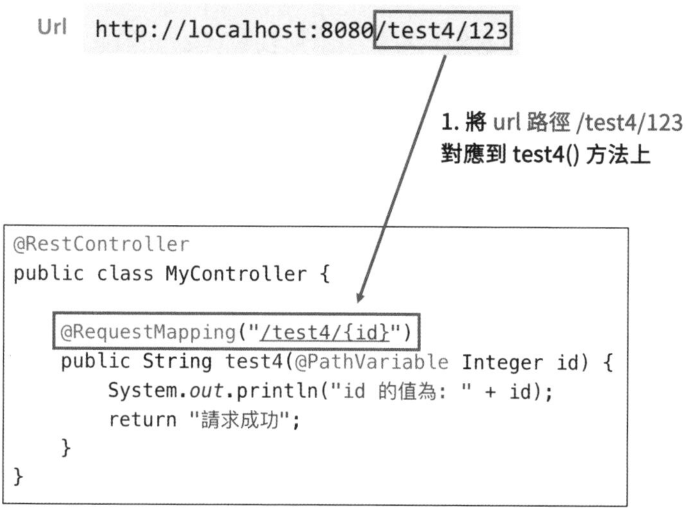

Url　`http://localhost:8080/test4/123`

1. 將 url 路徑 /test4/123
對應到 test4() 方法上

```
@RestController
public class MyController {

    @RequestMapping("/test4/{id}")
    public String test4(@PathVariable Integer id) {
        System.out.println("id 的值為: " + id);
        return "請求成功";
    }
}
```

▲ 圖 20-9　將 url 路徑中的值轉換成 Spring Boot 中的參數—

接著就可以在 `test4()` 的方法中，去添加一個 Integer 類型的參數 id，並且在這個參數的前面，去加上一個 `@PathVariable`。這樣到時候，這個 id 的值就會是 url 路徑中的值 `123`，因此我們就成功的取得到 url 路徑（`/test4/123`）中的 `123` 的值了！

▲ 圖 20-10　將 url 路徑中的值轉換成 Spring Boot 中的參數二

所以如果我們將這段 `test4()` 的方法添加到 MyController 裡面的話，就可以寫成下面這個樣子：

```
@RequestMapping("/test4/{id}")
public String test4(@PathVariable Integer id) {
    System.out.println("id 的值為: " + id);
    return "請求成功";
}
```

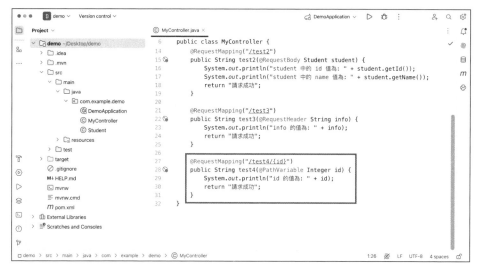

▲ 圖 20-11　MyController 的程式實作

修改好 MyController 之後，接著重新運行一下 Spring Boot 程式，並且在 API
Tester 中，在 Http method 中選擇 GET 方法、url 填上 http://localhost:8080/
test4/123。

▲ 圖 20-12　API Tester 的請求參數設定

這時候當我們按下 Send 鍵時，在右下角的 response body 中，就會出現
Spring Boot 所回傳的「請求成功」訊息。

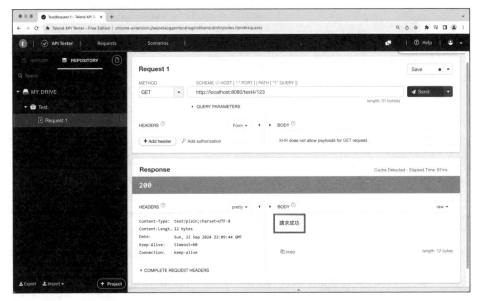

▲ 圖 20-13　API Tester 中呈現的請求結果

此時當我們回到 IntelliJ 上查看的話，在下方的 console 中，就會出現「id 的
值為：123」的字串。

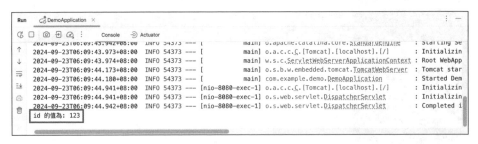

▲ 圖 20-14　Spring Boot 程式的運行結果

所以這就表示，我們就成功的透過 `@PathVariable`，接住前端放在 url 路徑中
的值了！

20.2.3 使用 @PathVariable 的注意事項之一：「url 路徑」和「參數的名稱」要一致

在使用 `@PathVariable` 去取得 url 路徑中的值時，有一點一定要特別的注意，也就是「url 路徑」和「參數的名字」必須要一致才可以。

舉例來說，如果我們在 `@RequestMapping` 中設定的 url 路徑是 `/test4/{id}`，那麼參數名稱就要寫成 `id`。

```
@RestController
public class MyController {

    @RequestMapping("/test4/{id}")
    public String test4(@PathVariable Integer id) {
        //...
    }
}
```

▲ 圖 20-15　url 路徑和參數的名稱皆為 id

如果我們在 `@RequestMapping` 中設定的 url 路徑是 `/test4/{age}`，那麼參數的名稱，則是要同步換成 `age` 才可以。

```
@RestController
public class MyController {

    @RequestMapping("/test4/{age}")
    public String test4(@PathVariable Integer age) {
        //...
    }
}
```

▲ 圖 20-16　url 路徑和參數的名稱皆為 age

所以簡單來說，就是「url 路徑」和「參數的名字」要一致就對了！

20.2.4 使用 @PathVariable 的注意事項之二：參數類型需一致

使用 `@PathVariable` 的第二個注意事項，就是「參數的類型需要一致」。

這部分其實就跟之前的 `@RequestParam` 很類似，譬如說 url 路徑中的值是 `/test4/123`，那就是暗示 `/test4/{id}` 中的 id 的值是 `123`，所以我們就要將 id 參數宣告為 Integer 類型（或是 int 類型），這樣子才能夠成功的取得 url 路徑中的值。

20.2.5 小結：所以，@PathVariable 要如何使用？

綜合以上的介紹，所以現在我們就了解到，如果我們想要取得 url 路徑中的值的話，那麼就是可以使用 `@PathVariable`，去取得 url 路徑中的值。

而在使用 `@PathVariable` 時，就要注意以下事項：

- 「url 路徑」和「參數的名稱」要一致
- 參數的類型要一致

只要注意好上述兩個注意事項，就可以成功的使用 `@PathVariable`，去取得 url 路徑中的值了！

20.3 補充：為什麼我們需要 @PathVariable ？

了解了 `@PathVariable` 的用法之後，接著我們可以來探討一下，為什麼我們會需要實作「從 url 路徑中取得值」這種行為。

假設前端想要傳遞「id 為 123」的資訊給 Spring Boot 程式的話，那麼前端大可使用上一個章節所介紹的 `@RequestParam`，直接把 `id=123` 的資訊加在 url 的最後面來傳遞就好（如下圖左），為什麼要大費周章的把 123 的值放到 url 路徑裡面，然後再透過 `@PathVariable` 來取得呢？（如下圖右）

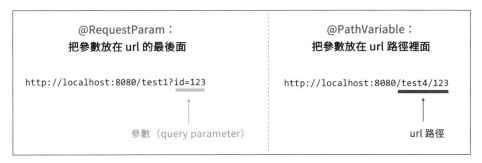

@RequestParam：	@PathVariable：
把參數放在 url 的最後面	**把參數放在 url 路徑裡面**
http://localhost:8080/test1?id=123	http://localhost:8080/test4/123
參數（query parameter）	url 路徑

▲ 圖 20-17　@RequestParam 和 @PathVariable 的比較

之所以會使用 `@PathVariable` 來傳遞參數的根本原因，**就是「為了支援 RESTful API 的設計風格」！**

所謂的 RESTful API，它是在現今的前後端開發中，非常流行的一種設計風格，而為了讓 Spring Boot 也能夠開發出符合 RESTful API 的設計風格，因此 Spring Boot 就設計出了 `@PathVariable` 這個註解，讓我們有能力去取得 url 路徑中的值。

有關 RESTful API 的設計風格，下一個章節就會和大家詳細的介紹了，所以大家到這邊就只要先知道，`@PathVariable` 是在實務上很常使到的註解，因此也建議大家，一定要了解 `@PathVariable` 的用法會比較好，因為它的使用頻率真的很高！

20.3 小結：在 SpringBoot 中接住參數的四個註解

詳細介紹完 Spring Boot 中取得參數的四個註解之後，最後我們可以最後來總結一下，這四個註解的用法分別為何：

- `@RequestParam`：接住放在 url 後面的參數
- `@RequestBody`：接住放在 request body 中的 JSON 參數
- `@RequestHeader`：接住放在 request header 中的參數
- `@PathVariable`：取得放在 url 路徑中的值

因此大家之後就可以根據不同的情境，來選擇不同的註解，進而去取得前端傳遞給我們的參數了！

20.4 章節總結

這個章節我們有延續了上一個章節，詳細的介紹了另外兩個取得前端參數的註解，也就是 `@RequestHeader` 和 `@PathVariable`，了解要如何透過這兩個註解，分別去取得「前端添加在 request header 中參數」，以及取得「url 路徑中的值」。

並且我們也補充了 `@PathVariable` 的實際用途，以及也總結了 Spring Boot 中的取得前端參數的四個註解。

在我們更了解 Spring MVC 的用法之後，接著下一個章節，我們就會來介紹現今前後端開發非常流行的一種設計風格，也就是 RESTful API，那我們就下一個章節見啦！

21

RESTful API 介紹

在前幾個章節中，我們分別介紹了 Spring Boot 中「取得前端參數」的四個註解，因此大家就可以根據不同的情境，使用不同的註解來取得前端傳遞過來的參數了。

那麼這個章節，我們就會來介紹現今前後端開發非常流行的一種設計風格，也就是 RESTful API，所以我們就開始吧！

21.1　什麼是 API？

在開始介紹「RESTful API」之前，我們需要先了解什麼是「API」，大家需要先有 API 的概念之後，才能夠學習 RESTful API 的知識，因此我們就先來簡單介紹一下，到底什麼是 API。

所謂的 API，指的是「**用工程師的方式，去說明某個功能的使用方法**」，所以換句話說的話，API 就是使用特定的格式。去表示某個功能到底要怎麼使用，等於是一個使用說明書的概念。

舉例來說，假設我們在 Spring Boot 中實作了一個「取得商品列表」的功能，如果我們想要將這個功能開放給前端使用的話，總不可能直接把 Spring Boot 程式貼給對方看（因為對方可能不熟悉 Spring Boot、或是他根本不了解 Java 程式語言）因此就會造成溝通效率低落。

而為了解決這個問題，API 就出現了！

因為 **API** 的目的，就是「用工程師看得懂的方式，去說明某個方法要如何使用」，所以我們就可以用下圖中的格式，去定義「取得商品列表」這個 API 的使用方法。

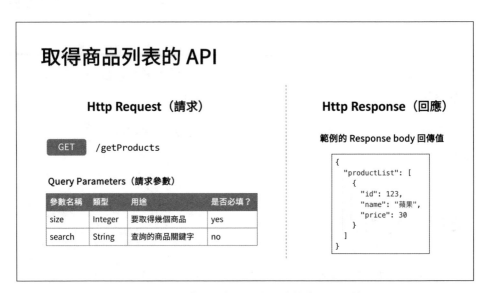

▲ 圖 21-1 「取得商品列表」功能的 API 文件

像是在這張圖中，就會說明「取得商品列表」這個 API，必須要使用 GET 方法來請求；並且這張圖也有詳細列出，在請求時可以帶上什麼樣的請求參數（query parameter），以及這個 API 可能返回的 Http response 回覆為何。

所以當前端拿到這份 API 文件時，前端就能夠照著上面的定義，使用 GET 方法來請求 `/getProducts` 這個 url 路徑，並且帶上 `size=5` 這個請求參數（表示要取得 5 筆數據）；這樣子就可以成功的去使用「取得商品列表」的功能，去取得 5 筆商品數據出來了。

因此透過這份 API 文件，大家就可以更清楚的知道這個功能如何使用，進而提升前後端溝通的效率了！

補充

一般在口語上，可能會聽到有人會說「這支 API 要怎麼 call ？」或是「你可以去 call 商品功能的 API」這種說法，而所謂的「call API」，指的就是去對這一個 API 發起 Http 請求的意思。

所以假設我們在 Spring Boot 中實作了一個 API，它的 url 路徑是 `/test`，那麼當前端去請求 http://localhost:8080/test 時，就可以說「前端去 call 了 `/test` 這一支 API」。

所以「call API」這個講法，在實務上是滿常見的一種說法，建議大家也是要熟悉一下會比較好！

21.2 什麼是 RESTful API ？

21.2.1 什麼是 RESTful API ？

了解了 API 的概念之後，接著就可以來介紹什麼是「RESTful API」了！

所謂的「**RESTful API**」，就是表示去設計出一套「**符合 REST 風格的 API**」**出來**，所以換句話說的話，只要我們在設計 API 的時候，有去套用 REST 風格時，那我們就可以稱呼我們所設計出來的 API，是一個 RESTful API 了！

> **補充**
>
> 大家看到這邊，可能會疑惑「REST 風格」和「RESTful」之間到底是什麼關係，其實這裡只是使用到英文的文法特性而已。
>
> 在英文文法的特性中，只要在字尾加個 ful，就可以把名詞轉成形容詞。
>
> 舉例來說：
>
> - Beauty 是名詞（美麗），而 Beautiful 則是形容詞（美麗的）
>
> - Peace 也是名詞（和平），而 Peaceful 則是形容詞（和平的）
>
> 因此 REST 是一個名詞，表示「REST 風格」，而 RESTful 則是形容詞，表示「符合 REST 風格的」。所以 RESTful API，就是表示「這個 API 很符合 REST 風格」！

大概了解了 REST 和 RESTful 的差別之後，現在我們知道，所謂的「RESTful API」，就是設計出一個「符合 REST 風格的 API」，所以換句話說的話，就是要讓我們所設計出來的 API，變得「很符合 REST 風格」這樣。

但如果我們想要設計出一個「符合 REST 設計風格」的 API，也就是設計出一個 RESTful API 的話，那麼這個 API，就必須要滿足三個條件才可以。

21.2.2　成為 **RESTful API** 的條件之一：
使用 **Http method**，表示要執行的資料庫操作

如果想要設計出 RESTful API 的話，那麼這個 API 就必須要「**使用 Http method，去表示要執行的資料庫操作**」，也就是賦予了 Http method 更多的意義。

REST 風格會把 POST、GET、PUT、DELETE 這四種 Http method，分別去對應到資料庫的 Create、Read、Update、Delete 操作上。

Http method 對應到資料庫的 CRUD 操作（增查改刪）

Http method	對應的資料庫操作	說明
POST	Create（新增）	新增一個資源
GET	Read（查詢）	取得一個資源
PUT	Update（修改）	更新一個已存在的資源
DELETE	Delete（刪除）	刪除一個資源

▲ 圖 21-2　將 Http method 對應到資料庫操作

所以當大家都使用 REST 風格來設計 API 時，只要看到某支 API 是使用 GET 方法來請求，那就是在暗示，這個 API 是要去執行「Read（查詢數據）」的操作。而假設某個 API 是使用 POST 方法來請求時，則是在暗示，這個 API 要去執行「Create（新增數據）」的操作。

因此在 RESTful API 的世界裡面，Http method 影響的不僅僅是 GET、POST 這些請求參數的傳遞而已，也是在「暗示」這支 API 後續會去執行資料庫的哪些操作。

所以假設大家想要去設計一個 RESTful API 出來的話，那麼第一個必要條件，就是「**使用 Http method，去表示要執行的資料庫操作**」。

21.2.3　成為 **RESTful API** 的條件之二：　使用 **url** 路徑，描述資源之間的階層關係

成為 RESTful API 的第二個條件，就是「**使用 url 路徑，描述資源之間的階層關係**」。

在 REST 風格裡面，url 路徑代表的是「每個資源之間的階層關係」，這個聽起來可能有點抽象，我們可以直接透過一個例子，來了解什麼是資源之間的階層關係。

假設現在我們有一個使用 GET 方法來請求的 API，即是 `GET /users`，因為這個 API 是使用 GET 方法來請求，所以我們可以知道它是要去執行 Read（讀取數據）的操作，所以這個 `GET /users` 的含義，就是「取得所有 user 的數據」。

Http method + url 路徑	說明
GET /users	取得所有 user

▲ 圖 21-3　url 路徑的階層範例一

此時假設我們又有另一個 API `GET /users/123`，這個 API 的含義，則是去「取得 user id 為 123 的那個 user 的數據」。

Http method + url 路徑	說明
GET /users	取得所有 user
GET /users/123	取得 user id 為 123 的 user

▲ 圖 21-4　url 路徑的階層範例二

到這邊，REST 風格的階層概念就出現了！

大家可以把 url 中的每一個斜線 `/`，想像成是一個階層，也就是一個子集合的感覺，或是說得更白話一點，就是可以直接把這個斜線 `/`，替換成是中文的「的」。

■ 所以像是上面的 `GET /users`，就是表示去「取得所有的 user 數據」。

■ 而至於下面的 `GET /users/123`，則是表示去取得所有 user 裡面「的」user id 為 123 的那個 user，也就是「取得 user id 為 123 的那個 user 數據」。

所以在 REST 風格裡面，我們就可以透過 url 路徑，去表達「階層」的概念，進而去表達我們想要取得的資源是什麼了！

下面也提供更多例子給大家，讓大家感受一下在 REST 風格中，url 路徑所表示的階層關係：

Http method + url 路徑	說明
GET /users	取得所有 user
GET /users/123	取得 user id 為 123 的 user
GET /users/123/articles	取得 user id 為 123 的 user 所寫的所有文章
GET /users/123/articles/456	取得 user id 為 123 的 user 所寫的、article id 為 456 的文章
GET /users/123/videos	取得 user id 為 123 的 user 所錄的所有影片
GET /users/123/videos/789	取得 user id 為 123 的 user 所錄的、video id 為 789 的影片
GET /users/100	取得 user id 為 100 的 user

▲ 圖 21-5　url 路徑的階層範例三

所以假設大家想要設計一個 RESTful API 出來，那麼第二個必要條件，就是「**使用 url 路徑，去描述資源之間的階層關係**」。

21.2.4　成為 **RESTful API** 的條件之三：**Response body** 返回 **JSON** 或是 **XML** 格式

而至於成為 RESTful API 的最後一個條件，這個就比較簡單了，就只要「**把 Response body 所返回的數據，改成使用 JSON 或是 XML 格式來返回**」，這樣子就滿足 RESTful API 的第三個條件了。

補充

雖然一般在實作上，使用 JSON 格式來返回數據比較常見，但是其實使用 XML 格式來回傳數據，也是符合 REST 風格的！

而在 Spring Boot 程式中，如果要返回 JSON 格式的數據的話，就只要在 class 上面加上 `@RestController`，這樣子就可以正確的返回 JSON 格式了。

```
@RestController
public class ProductController {

    @RequestMapping("/getProducts")
    public Product getProducts() {
        //...
    }
}
```

▲ 圖 21-6　在 Spring Boot 程式中添加 @RestController

如果大家不太熟悉返回 JSON 數據的用法的話，也可以回頭參考「第 17 章 _ 返回值改成 JSON 格式—@RestController」的介紹。

21.2.5　小結：滿足 RESTful API 的三個條件

所以總和上述的介紹，如果我們想要設計出一個 RESTful API，就需要符合以下三個條件：

- 使用 Http method，去表示要執行的資料庫操作
- 使用 url 路徑，描述資源之間的階層關係
- Response body 返回 JSON 或是 XML 格式

只要同時滿足這三個條件，那麼你的 API 就是一個「符合 REST 設計風格的 API」，所以也可以稱呼它為 RESTful API 了！

1. 使用 Http method 表示動作

Http method	對應的資料庫操作
POST	Create（新增）
GET	Read（查詢）
PUT	Update（修改）
DELETE	Delete（刪除）

2. 使用 url 路徑描述資源之間的階層關係

Http method + url 路徑	說明
GET /users	取得所有 user
GET /users/123	取得 user id 為 123 的 user

3. Response body 返回 JSON 或是 Xml

```
@RestController
public class ProductController {

    @RequestMapping("/getProducts")
    public Product getProducts() {
        //...
    }
}
```

▲ 圖 21-7　滿足 RESTful API 的三個條件

21.3 RESTful API 的注意事項

介紹了這麼多 RESTful API 的設計方式之後，最後我們也來補充一下，在使用 RESTful API 時的一些注意事項。

RESTful API 的目的，是為了「簡化工程師之間的溝通成本」，也就是讓每個工程師按照一個共同的默契來設計 API，這樣大家所設計出來的 API 就不會差太多，所以大家就可以把溝通所花費的時間省下來，進而提升開發的效率。

不過要特別注意的是，雖然 REST 風格的使用非常普遍，**但是 REST 只是一個設計 API 的風格而已，並不是設計 API 的標準規範。**

所以換句話說的話，REST 風格只是一個建議做法，而不是必要的做法，因此如果你的使用情境比較特殊的話，那麼不遵守 REST 風格的設計，也是完全沒問題的！

舉例來說，假設你有一個讀取資料庫的 API，因為讀取是對應到 GET 方法，所以在 REST 風格中就會設計成使用 GET 方法來請求，也就是類似 `GET /users/{userId}` 這種方式。

但是如果你今天是要用比較敏感的資訊來查詢資料庫（ex：身分證字號），那麼在這個情況下，硬要使用 REST 風格的 GET 方法反而是不恰當的，因為身分證字號的資訊就會被放在 url 路徑 `GET /users/B123456789` 中洩漏出去。所以這時候反而是使用 POST 這種安全性較高的 Http method，才會是更好的選擇。

所以總結來說，**REST 只是一個設計 API 的風格而已，並不是設計 API 的標準規範**，如果真的遇到一些特殊狀況時，那就仍舊是以工作中的實際情況來做調整，並不是符合 REST 風格的 API 才是最好的。

所以大家在設計 RESTful API 時，一定要注意這個細節，切勿為了滿足 REST 設計風格，而使得你的 API 暴露在資安風險底下。

21.4 章節總結

這個章節我們先介紹了什麼是 API、什麼是 RESTful API，以及介紹了滿足 RESTful API 的三個條件，並且最後也補充了一下 RESTful API 的注意事項，所以大家就可以根據自己的需求，去決定是否要採用 REST 風格來設計你的 API 了！

而在了解了 RESTful API 的概念之後，接著下一個章節，我們就會回到 Spring Boot 上，練習要如何在 Spring Boot 中實作出 RESTful API 的程式，那我們就下一個章節見啦！

CHAPTER

22

實作 RESTful API

在上一個章節中，我們有介紹了什麼是 RESTful API，以及在設計 RESTful API 時需要滿足哪三個設計條件，先讓大家對 RESTful API 有基本的認識。

而在了解了 RESTful API 的概念之後，接著這個章節，我們就會實際到 Spring Boot 上，練習如何在 Spring Boot 中設計和實作出 RESTful API ！

22.1 回顧：什麼是 RESTful API ？

RESTful API 是表示「你所設計的 **API** 符合 **REST** 風格」，而 RESTful API 的目的，是為了「簡化工程師之間的溝通成本」，當每個工程師都按照共同的默契來設計 API 時，大家就可以設計出更一致的 API，因此就能夠把溝通所花費的時間省下來，進而提升開發的效率。

而要設計出 RESTful API 的話，需要符合以下三個條件：

- 使用 Http method，去表示要執行的資料庫操作
- 使用 url 路徑，描述資源之間的階層關係
- Response body 返回 JSON 或是 Xml 格式

只要同時滿足這三個設計，就可以將你的 API 稱呼為是 RESTful API 了！

1. 使用 Http method 表示動作

Http method	對應的資料庫操作
POST	Create（新增）
GET	Read（查詢）
PUT	Update（修改）
DELETE	Delete（刪除）

2. 使用 url 路徑描述資源之間的階層關係

Http method + url 路徑	說明
GET /users	取得所有 user
GET /users/123	取得 user id 為 123 的 user

3. Response body 返回 JSON 或是 Xml

```
@RestController
public class ProductController {

    @RequestMapping("/getProducts")
    public Product getProducts() {
        //...
    }
}
```

▲ 圖 22-1　滿足 RESTful API 的三個條件

22.2　設計 RESTful API

了解了 RESTful API 的概念之後，接著我們也可以試著去設計出一套 RESTful API 出來，並且了解要如何透過 Spring Boot 程式，去實作出這套 RESTful API。

舉例來說，我們可以先設計出一個 Student 的 class，並且在裡面新增 id 和 name 的兩個變數，用來表示這個學生的 id 和名字，程式如下：

```
public class Student {
    Integer id;
    String name;
}
```

接著，我們可以為 Student 這個資源，去設計出一連串的 RESTful API：

■ 像是我們需要一個「創建學生」的 API，這樣子才能新增新同學的數據到資料庫。

■ 我們也需要一個「查詢學生」的 API，這樣子才能去查詢某一筆 Student 的數據。

■ ……等等。

所以針對 Student 這個資源，通常我們會設計四個最基本的 RESTful API 給它，也就是 CRUD（Create 新增、Read 查詢、Update 修改、Delete 刪除），具體設計方式如下圖所示：

Http method	url 路徑	對應到資料庫	意義
POST	/students	Create（新增）	創建一個新的 student
GET	/students/123	Read（查詢）	查詢 student id 為 123 的數據
PUT	/students/123	Update（修改）	更新 student id 為 123 的數據
DELETE	/students/123	Delete（刪除）	刪除 student id 為 123 的 student

▲ 圖 22-2　設計 RESTful API

所以透過這四個 RESTful API，就可以完成 Student 的「新增、查詢、修改、刪除」的四個基本操作了！

補充

「Create 新增、Read 查詢、Update 修改、Delete 刪除」這四個操作，又可以簡稱為 CRUD，幾乎每一種資源（ex：商品、訂單、會員……等等），都會需要這四個操作，因此 CRUD 也可以說是大家剛入門 Spring Boot 時，最常撰寫的程式。

22.3 在 Spring Boot 中實作 RESTful API

22.3.1 指定 Http method 的方式：@GetMapping、@PostMapping⋯⋯等

當我們設計好 Student 資源的四個基本 RESTful API 之後，前端到時想要去新增 Student 數據時，就必須要使用 POST 方法去請求 `/students` 的 url 路徑，這樣子才能夠創建一筆新的 Student 數據到資料庫中。

Http method	url 路徑	對應到資料庫	意義
POST	/students	Create（新增）	創建一個新的 student

▲ 圖 22-3　RESTful API 中的「新增數據 API」

而在 Spring Boot 中，有兩種方式可以「**限制**」前端只能用某個 Http method 來請求 url 路徑，分別是：

```
@RequestMapping(value = "/students", method = RequestMethod.POST)
```

以及

```
@PostMapping("/students")
```

上面這兩種寫法，都可以限制前端只能使用 POST 方法，去請求 `/students` 的 url 路徑，它們的差別就只是一行寫起來比較長、一行寫起來比較短而已。

在前面的章節中，我們都是使用上面的 `@RequestMapping` 的寫法來設計 url 路徑，而它的缺點就是寫起來比較冗長，不利於後續維護。

所以一般在實作上，是會改成使用下方的 `@PostMapping` 的寫法，直接透過 `@PostMapping` 註解，限制前端只能使用 POST 方法來請求，這樣子的寫法會更簡潔、更一目瞭然。

所以在設計 RESTful API 時，一般就是會採用下方的 `@PostMapping` 來實作！

補充

如果有在 `@RequestMapping` 後面的小括號中，特別添加 `method = RequestMethod.POST` 的設定的話，就會限制此 url 路徑只能夠使用 POST 方法來請求，因此當前端使用其他的方法來請求時（ex：GET 方法），就會被 Spring Boot 拒絕，不允許前端來請求。

反之，如果沒有在 `@RequestMapping` 中添加 `method = RequestMethod.POST`，而是只寫上 `@RequestMapping("/students")` 時，那就是允許前端用任意的請求方法來請求，所以前端可以用 GET、POST、DELETE……等方法，來請求 /students 這個 url 路徑。

22.3.2 Spring Boot 中常用的 RESTful API 註解

在 Spring Boot 裡面，除了能夠使用 `@PostMapping`，限制前端只能使用 POST 方法來請求之外，Spring Boot 也是有提供其他好用的註解讓我們使用的！

像是 Spring Boot 提供了以下四個註解給我們使用：

- `@GetMapping`：限制前端只能使用 GET 方法請求
- `@PostMapping`：限制前端只能使用 POST 方法請求
- `@PutMapping`：限制前端只能使用 PUT 方法請求
- `@DeleteMapping`：限制前端只能使用 DELETE 方法請求

所以我們等一下就可以透過這四個註解，在 Spring Boot 中實作出上面所設計的 RESTful API 了！

補充

大家如果觀察一下的話，可以發現這些註解都是「以 Http method 作為開頭」，像是 `@GetMapping` 是 Get+Mapping，而 `@PostMapping` 則是 Post+Mapping。

所以大家不需要死背這些註解，只要根據這個註解的名稱（XXX+Mapping），就可以知道它想要限制的是哪一種請求方法了。

22.4 具體實作

22.4.1 前期準備

了解了 `@GetMapping`……等註解的用法，以及設計好 RESTful API 之後，接著我們就可以實際到 Spring Boot 中，去實作這四個 RESTful API 了！

大家可以先刪除之前的 MyController 的程式，並且在 Spring Boot 中，創建一個新的 Student class，它擁有兩個變數 id 和 name，用來表示這個學生的 id 和名字，具體程式如下：

```
public class Student {

    private Integer id;
    private String name;

    public Integer getId() {
        return id;
```

```
    }

    public void setId(Integer id) {
        this.id = id;
    }

    public String getName() {
        return name;
    }

    public void setName(String name) {
        this.name = name;
    }
}
```

並且我們可以再創建出一個新的 class，名字為 StudentController，在裡面寫上下方的程式：

```
@RestController
public class StudentController {

}
```

所以整個 Spring Boot 程式的結構，就會像是下面這個樣子：

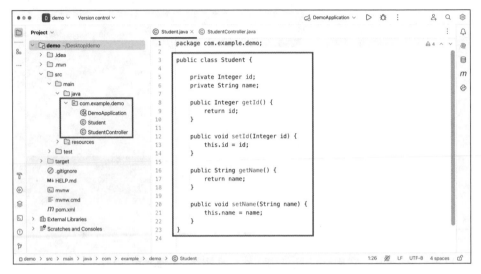

▲ 圖 22-4　Spring Boot 中的前期準備實作

22.4.2　實作 POST /students（創建 Student 數據）

實作好前期準備的程式之後，接著我們就可以來實作第一個 RESTful API，也就是 `POST /students` 的 API 了！

首先 `POST /students` 這個 API 所代表的意義，即是「創建一個新的 Student 數據」。

Http method	url 路徑	對應到資料庫	意義
POST	/students	Create（新增）	創建一個新的 student

▲ 圖 22-5　RESTful API 中的「新增數據 API」

要 實 作 `POST /students` 的 API 的 話 ，可 以 運 用 上 面 所 介 紹 到 的 `@PostMapping` 註解，使用 `@PostMapping` 去限制此 API 只能夠使用 POST 方法來請求。

另外有關如何接住 POST 方法的參數，可以參考「第 19 章 _ 取得請求參數（上）—@RequestParam、@RequestBody」的介紹，也就是使用 `@RequestBody` 來取得前端所傳過來的參數。因此 Spring Boot 到時候就會將前端放在 request body 中的 JSON 數據，轉換成 student 類型的參數了。

程式實作

```
@PostMapping("/students")
public String create(@RequestBody Student student) {
    return "執行資料庫的 Create 操作";
}
```

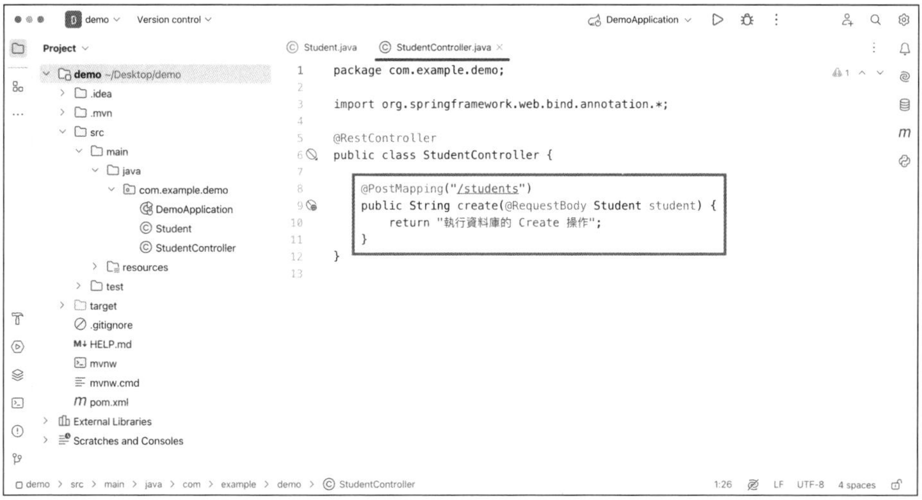

▲ 圖 22-6　新增數據 API 的 Spring Boot 程式實作

API Tester 中的請求寫法

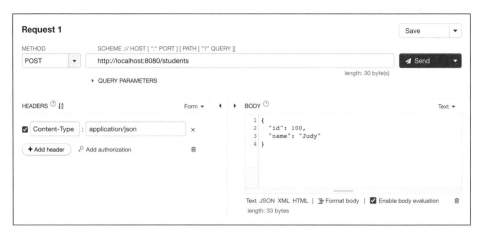

▲ 圖 22-7　新增數據 API 的 API Tester 請求寫法

22.4.3　實作 GET /students/123（查詢 Student 數據）

`GET /students/123` 這個 API 所代表的意義，是去「查詢 student id 為 123 的 Student 數據」出來。

Http method	url 路徑	對應到資料庫	意義
GET	/students/123	Read（查詢）	查詢 student id 為 123 的數據

▲ 圖 22-8　RESTful API 中的「查詢數據 API」

要實作 `GET /students/123` 這個 API 的話，可以運用上面所介紹到的 `@GetMapping` 註解，使用 `@GetMapping` 去限制此 API 只能夠使用 GET 方法來請求。

另外在實作 `GET /students/123` API 時，因為 RESTful API 會使用「**url 路徑來表達階層關係**」，所以 student id 的值 123，就會放在 url 路徑 `/students/123` 中來傳遞。

因此為了取得 url 路徑中 student id 的值，此時就得使用「第 20 章 _ 取得請求參數（下）—@RequestHeader、@PathVariable」中所介紹的 `@PathVariable` 來實作，從 `/students/123` 這個 url 路徑中，取得到其中的 123 的數據。

程式實作

```
@GetMapping("/students/{studentId}")
public String read(@PathVariable Integer studentId) {
    return "執行資料庫的 Read 操作";
}
```

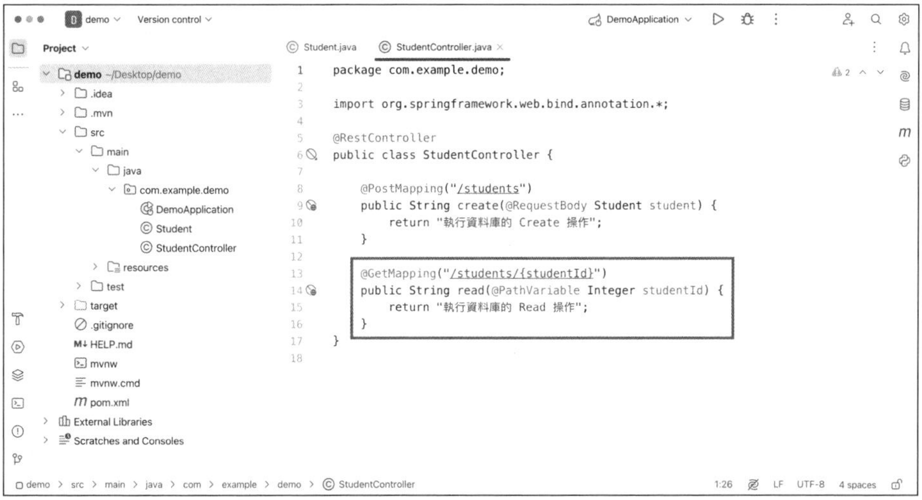

▲ 圖 22-9　查詢數據 API 的 Spring Boot 程式實作

API Tester 中的請求寫法

▲ 圖 22-10　查詢數據 API 的 API Tester 請求寫法

22.4.4　實作 PUT /students/123（更新 Student 數據）

`PUT /students/123` 這個 API 所代表的意義，是去「更新 student id 為 123 的數據」。

Http method	url 路徑	對應到資料庫	意義
PUT	/students/123	Update（修改）	更新 student id 為 123 的數據

▲ 圖 22-11　RESTful API 中的「更新數據 API」

更新的 API 在實作上會比較複雜一點。首先一樣是要先運用前面所提到的 `@PutMapping`，去限制此 API 只能夠使用 PUT 方法來請求。

而在參數的部分，則會同時使用到 `@PathVariable` 和 `@RequestBody`，去取得前端所傳過來的參數。

- `@PathVariable` 負責從 url 路徑中，取得「要更新的是哪一個 student id」的值（也就是從 `/students/123` 中，取得 student id 的值 `123`）。
- `@RequestBody` 則是負責去接住前端傳過來的 JSON 數據，了解前端想要把這個 Student 數據更新成哪些值。

有關 @PathVariable 和 @RequestBody 的用法，一樣是可以參考前面的「第
19 章」和「第 20 章」的介紹，也建議大家可以先完成前面的 POST 和 GET
實作，等到更熟悉 RESTful API 的實作之後，再來練習 PUT 的實作，會比較
好上手。

程式實作

```java
@PutMapping("/students/{studentId}")
public String update(@PathVariable Integer studentId,
                     @RequestBody Student student) {
    return "執行資料庫的 Update 操作";
}
```

▲ 圖 22-12　更新數據 API 的 Spring Boot 程式實作

API Tester 中的請求寫法

▲ 圖 22-13　更新數據 API 的 API Tester 請求寫法

22.4.5　實作 Delete /students/123（刪除 Student 數據）

`DELETE /students/123` 這個 API 所代表的意義，是去「刪除 student id 為 123 的數據」。

Http method	url 路徑	對應到資料庫	意義
DELETE	/students/123	Delete（刪除）	刪除 student id 為 123 的 student

▲ 圖 22-14　RESTful API 中的「刪除數據 API」

DELETE API 和 GET API 的實作方式其實滿像的，要實作 `DELETE /students/123` 這個 API 的話，一樣是可以先運用前面所介紹的 `@DeleteMapping`，去限制此 API 只能夠使用 DELETE 方法來請求。

另外也因為 RESTful API 會使用「url 路徑來表達階層關係」，所以需要使用 `@PathVariable`，從 url 路徑 `/students/123` 中取得到 student id 的值 `123`。

程式實作

```java
@DeleteMapping("/students/{studentId}")
public String delete(@PathVariable Integer studentId) {
    return "執行資料庫的 Delete 操作";
}
```

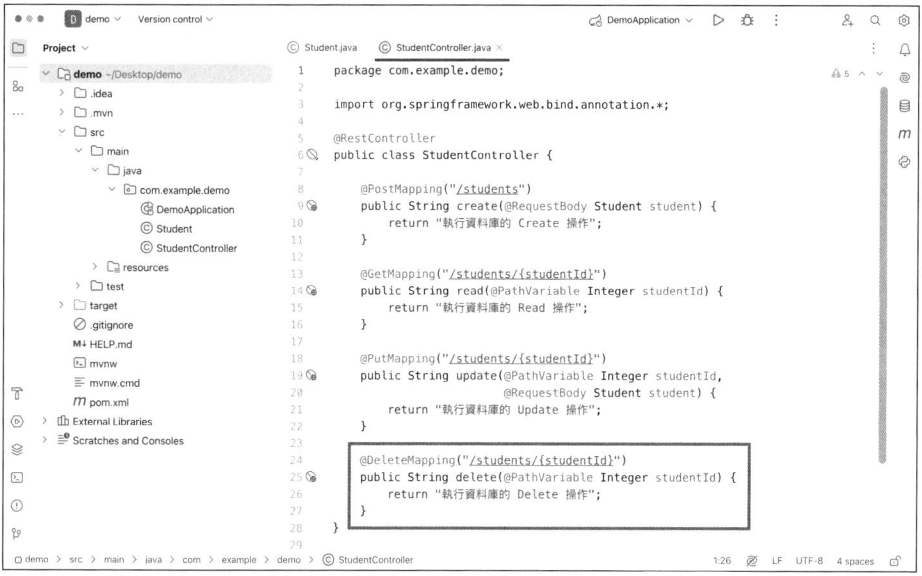

▲ 圖 22-15　刪除數據 API 的 Spring Boot 程式實作

API Tester 中的請求寫法

▲ 圖 22-16　刪除數據 API 的 API Tester 請求寫法

22.4.6 實作成果

所以透過上面的實作，最終我們就可以在 StudentController 裡面，把這四個 RESTful API 都實作完畢了。

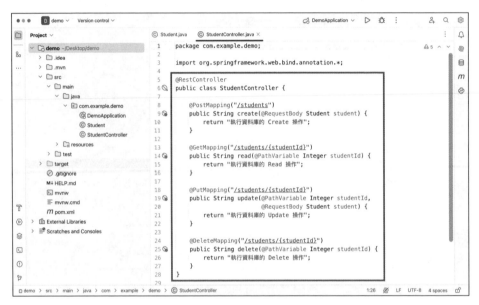

▲ 圖 22-17　StudentController 中的最終實作

因此後續我們就可以根據這四個 RESTful API，去對 Student 這個資源進行「Create 新增、Read 查詢、Update 修改、Delete 刪除」這四個 CRUD 的基本操作了！

22.5　章節總結

這個章節我們先介紹了如何去設計一套 RESTful API，並且也有實際的到 Spring Boot 中，使用 `@GetMapping`、`@PostMapping`……等註解，在 Spring Boot 中實作出 RESTful API。所以大家以後就可以透過同樣的方式，在你的 Spring Boot 程式裡面實作 RESTful API 了！

那麼下一個章節，我們就會回頭來介紹 Http response 中很重要的一個部分，也就是 Http status code，了解要如何去透過 Http status code，讓前端快速的知道這一次請求的結果為何，我們就下一個章節見啦！

Note

Http status code
（Http 狀態碼）介紹

在上一個章節中，我們有介紹如何去設計和實作 RESTful API，因此大家就可以透過前面所學的到內容，實際的在 Spring Boot 中實作 RESTful API 出來了。

那麼接著這個章節，我們就會回頭來介紹一下 Http response 中很重要的一個部分，也就是 Http status code（Http 狀態碼），所以我們就開始吧！

23.1 什麼是 Http status code （Http 狀態碼）？

Http status code 又稱為 Http 狀態碼，它是屬於 Http response 的一部分，而 **Http status code 的目的**，是用來「**表示這次 Http 請求的結果為何**」。

所以簡單來說，Http status code 就是會透過一個簡短的數字，呈現這一次的請求結果。因此前端就可以透過 Http status code，快速的知道這一次的 Http 請求到底是成功還是失敗。

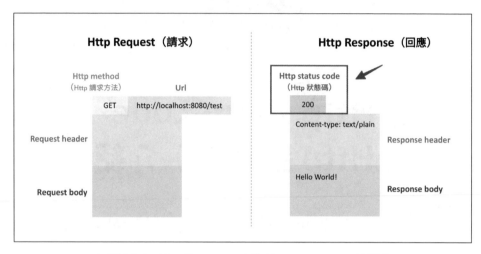

▲ 圖 23-1　Http Response 中的 Http status code 的部分

23.2　Http status code 中的分類

在 Http status code 的世界中，可以根據「首位數字」，區分成 **5 個大類**，而這 5 大類分別是：

- 1xx：資訊
- 2xx：成功
- 3xx：重新導向
- 4xx：前端請求錯誤
- 5xx：後端處理有問題

而在每一個大類中，可以再去細分出更多的 Http status code，不過只要在同一個大類中的 Http status code，它們的意義都是類似的。

舉例來說，只要 2 開頭的 Http status code，不管你是 200、201、還是 202……等等，只要你是 2 開頭，就都是屬於「2xx」那一個大類，也就是表示「成功」的意思。

像是我們之前在 API Tester 中發起 Http 請求時，就會看到 Spring Boot 回傳了「200」的 Http status code 給我們。而這個「200」，就是屬於「2xx」的大類，也就是表示「請求成功」的意思。

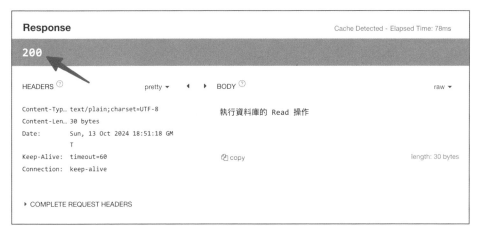

Response   Cache Detected - Elapsed Time: 78ms

200

HEADERS ⓘ   pretty ▾   ◀ ▶ BODY ⓘ   raw ▾

Content-Typ… text/plain;charset=UTF-8   執行資料庫的 Read 操作
Content-Len… 30 bytes
Date: Sun, 13 Oct 2024 18:51:18 GM
            T
Keep-Alive: timeout=60   ⓒ copy   length: 30 bytes
Connection: keep-alive

▸ COMPLETE REQUEST HEADERS

▲ 圖 23-2　Spring Boot 回傳 200 的 Http status code

所以透過 Http status code，我們就可以快速知道這一次 Http 的請求結果為何了！

23.3　常見的 Http status code

大概了解了 Http status code 的用途之後，接下來我們就詳細的來介紹一下，每一個大類底下都有哪些常見的 Http status code。

> **補充**
>
> 因為 Http status code 的數量還滿多的，因此這邊只會列出比較常見的 Http status code，如果大家在工作上有遇到比較罕見的 Http status code 時，可以再上網查詢一下相關的意思。

23.3.1　1xx：資訊

首先我們先從 1 開頭的大類開始看起，1 開頭的 Http status code 代表的是「取得資訊」的意思。

不過因為在實際的應用中，1 開頭的 Http status code 非常少用，因此在這個大類中，沒有常見的 Http status code。

23.3.2　2xx：成功（200、201、202）

2 開頭的 Http status code 所代表的，都是「請求成功」的意思。

而 2 開頭的大類，在使用上可以說是非常頻繁了，常見的有以下三個：

Http 狀態碼	代表的意思
200 OK	請求成功
201 Created	請求成功且新的資源成功被創建，通常用在 POST 的 response
202 Accepted	請求已經接受，但尚未處理完成

▲ 圖 23-3　2xx 中常見的 Http status code

200 OK

首先第一個是 200 OK，**200 所代表的，就是「這一次的 Http 請求成功了」**。

200 可以說是使用最廣泛的一個 Http status code，通常只要看到 200，就表示這一次的請求成功了（特殊情境例外），因此 200 可以說是工程師裡面天使等級的角色。

201 Created

第二個則是 201 Created，**201 所代表的，不僅是這一次的 Http 請求成功而已，還額外表示「有一個新的資源成功的被創建了」的含義。**

也因為 201 除了表示請求成功之外，還多表示了「創建資源成功」的含義，又因為在 REST 風格中，POST 方法通常會對應到資料庫的創建操作，因此 201 通常會被用在 POST 方法的 response 中（就是用來表示請求成功、並且有一個數據被創建出來了）。

202 Accepted

最後一個則是 202 Accepted，**202 所代表的，是「這一次的請求已經被接受了，但是尚未處理完成」**。大家可以把 202 簡單的想像成是你拜託別人去買東西，但是他正在購買中，還沒幫你買好，因此他就會先回傳一個 202 給你，表示要你再多等一下。

所以當大家以後看到 202 時，就表示後端已經開始處理這件事情了，只是還沒處理完成而已。

補充

每一個 Http status code 都會有一個「專屬的英文短語」，用來表達這個 Http status code 的意思，像是 200 所對應的英文短語是「OK」，而 202 所對應的短語則是「Accepted」。

這個短語只是簡單的去描述這個 Http status code 是什麼意思而已，目的是為了幫助工程師了解這個 Http status code 的含義是什麼，因此當大家遇到不熟悉的 Http status code 時，也可以參考它的短語描述。

23.3.3　3xx：重新導向（301、302）

3 開頭的 Http status code 所代表的，都是「重新導向」的意思。

在 3 開頭的大類中，常見的有以下兩個：

Http 狀態碼	代表的意思
301 Moved Permanently	**永久性**重新導向，新的 url 應放在 response header 的 "Location" 中返回 （301 通常用在網頁永久搬家的情境）
302 Found	**臨時**重新導向，新的臨時性的 url 應放在 response header 的 "Location" 中返回

▲ 圖 23-4　3xx 中常見的 Http status code

301 Moved Permanently

首先是 301 Moved Permanently，**301 所代表的，是「這個 url 永久性的搬家了」**，注意這裡的重點是「永久性」。

所以當前端去請求某個 API，但是該 API 返回 301 時，就是表示這個 API 搬家了。並且後端在回傳 301 的返回值時，也會將新的 url 放在 response header 的 Location 中，因此前端就可以改成去請求這個新的 url，進而取得到搬家後的網址了。

舉例來說，我之前在架設個人網站時，就有從 https://kucw.github.io 搬家到 https://kucw.io，所以現在如果請求舊的 https://kucw.github.io 網站的話，GitHub 就會返回 301 的 Http status code，告訴前端這個網站已經永久性的搬家了。

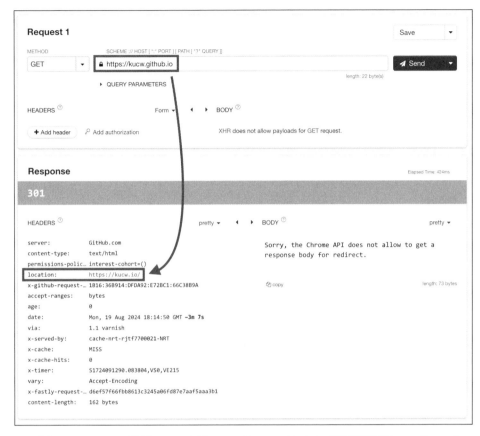

▲ 圖 23-5　GitHub 回傳 301，表示 https://kucw.github.io 已經搬家到 https://kucw.io

並且 GitHub 也會將新家的網址（也就是 https://kucw.io），放在 response header 中的 Location 裡面，告訴前端新的網址為何，所以前端就可以改成去請求 https://kucw.io，進而取得到搬家後的新網址了。

所以當 url 永久性的搬家時，後端就可以返回 301 來表示這個情況。

302 Found

再來是 302 Found，**302 所代表的**，則是「**這個 url 暫時性的搬家**」，注意這裡的重點是「**暫時性**」。

通常後端在回傳 302 的時候，也是會將新的 url 放在 response header 的 Location 中，因此前端就可以改成去請求這個新的 url，進而取得到臨時的新網址了。

所以假設某個 API 只是「暫時性」的搬家的話（ex：這個 API 的功能目前正在調整中），那麼後端就可以回傳 302 的值給前端，叫前端這一次先去請求臨時的 url。

補充

301 和 302 差在哪裡？

總合上面的介紹，301 和 302 的差別，就只是這個 url 是「永久性的搬家」、還是「暫時性的搬家」而已，如果是永久搬家，那就是回傳 301，如果是暫時性的搬家，那就是回傳 302。

不過不管是 301 還是 302，後端都需要將新的 url 放在 response header 中的 Location 裡面，這樣才能告訴前端新的 url 在哪裡。

23.3.4　4xx：前端請求錯誤（400、401、403、404）

4 開頭的 Http status code 所代表的，都是「前端請求錯誤」的意思。

4 開頭的大類，在使用上的頻率也很高，常見的有以下四個：

Http 狀態碼	代表的意思
400 Bad Request	前端的請求參數有錯誤（例如：前端傳給後端的參數名稱不同、請求的格式有問題）
401 Unauthorized	沒有通過身份驗證
403 Forbidden	請求被後端拒絕，通常是權限不足導致的
404 Not Found	網頁不存在，可能是資源被移走或是 url 輸入錯誤

▲ 圖 23-6　4xx 中常見的 Http status code

400 Bad Request

首先是 400 Bad Request，**400** 所代表的，是「前端的請求參數有錯誤」的意思。

舉例來說，當前端在請求後端的 API 時，如果它的參數名稱寫錯了、或是請求參數的格式有問題……等等，都可以被歸類在 400 這個 Http status code。

所以大家以後只要看到 400，就可以回頭檢查一下，是不是前端的請求參數寫錯了。

401 Unauthorized、403 Forbidden

401 和 403 通常會一起介紹，它們是很容易被搞混的 Http status code。

首先 **401** 所代表的，是「沒有通過身份驗證」的意思。

而 **403** 所代表的，則是「這一次的請求因為權限不足，所以被後端拒絕」。

舉例來說，大家可以把 401 想像成是會員的「身分驗證錯誤」，譬如說帳號或密碼輸入錯誤時，後端就會返回 401 的錯誤，告訴前端：「這個人並不是我們網站的會員。」

而 403 則是「權限不足」的意思，譬如說普通會員想要看 VIP 會員才能觀看的影片時，這時候後端就會返回 403 的錯誤給前端，告訴前端：「這個會員的權限不足，所以我們不能讓他看 VIP 會員才能看的影片。」

所以簡單來說，**當大家看到 401 的時候，就是表示「這個使用者根本不是我們家的會員」，而看到 403 的時候，就表示「這個會員沒有權限執行這個功能」。**

404 Not Found

在 4 開頭的大類中，最後一個常見的 Http status code 是 404 Not Found。**404** 所代表的，是「這個網頁不存在」的意思，通常就是由於 url 輸入錯誤、或是 url 失效（該資源被移走）所導致的。

404 也是一個在生活中滿常碰到的 Http status code，有時候大家在網路上看文章的時候，偶爾會遇到 404 的錯誤，就是因為這篇文章被刪除，導致 url 失效，因此這時候就會出現 404 的錯誤。

23.3.5　5xx：後端處理有問題（500、503、504）

5 開頭的 Http status code 所代表的，都是「後端處理有問題」的意思。

5 開頭的大類，可以說是後端工程師最不想看見的一類（因為看見了這個，通常就表示你或你同事要加班修 bug 了），常見的有以下三個：

Http 狀態碼	代表的意思
500 Internal Server Error	後端在執行程式時發生錯誤，可能是程式內有 bug 導致的
503 Service Unavailable	由於臨時維護或者流量太大，後端目前沒有辦法處理請求
504 Gateway Timeout	請求超時

▲ 圖 23-7　5xx 中常見的 Http status code

500 Internal Server Error

首先是 500 Internal Server Error，**500** 所代表的，是「後端在處理這次請求的時候發生了錯誤」，這個錯誤有可能是因為後端程式出了 bug，或是其他的原因造成的。

500 是一個滿常見的 Http status code，通常只要看到 500，就表示是後端這邊有問題，所以後端工程師就得去檢查一下，是不是 Spring Boot 程式寫

出 bug、或是伺服器出現問題……等等，所以一般來説，大家都很恐懼看到 500 這個 Http status code，因為這就表示後端這邊出問題了，需要後端工程師盡快解決。

503 Service Unavailable

再來是 503 Service Unavailable，**503 所代表的，是「臨時維護或者流量太大，所以後端目前沒有辦法處理請求」**。

因此當大家看到 503 的錯誤時，就可能是：

- 瞬間流量太高，導致後端伺服器忙不過來，使得後端程式沒辦法正常運作
- 後端程式剛好處在維護期間

不過不管哪一種情況，503 都是表示後端程式目前沒辦法正常提供服務，因此前端在這段期間內，仍舊是無法正常使用功能的。

504 Gateway Timeout

最後一個是 504 Gateway Timeout，**504 所代表的，是「這一次的請求超時了」**。

所謂的「請求超時」，意思是「這一次 Http 請求花了太長的時間都還沒有完成，所以直接被強制結束」的意思。

因此當大家看到 504 時，就表示後端內部系統出了問題，沒辦法在一定的時間內執行完程式，超過容許的等待時間，所以這時候後端就會強制結束該程式，直接返回一個 504 的錯誤給你，避免讓你無止盡的等待。

23.3.6　小結：常用的 Http status code 五大類

所以總結上面的介紹的話，**我們可以根據「首位數字」，將 Http status code 區分成 5 個大類**，並且這 5 大類分別是：

- 1xx：資訊
- 2xx：成功
- 3xx：重新導向
- 4xx：前端請求錯誤
- 5xx：後端處理有問題

所以除了前面所介紹的常見的 Http status code 之外，萬一大家在實務上遇到比較少見的 Http status code 時，也可以先根據它的「**首位數字**」，了解它屬於哪一個大類，進而初步知道它想表達的是哪一個方向的錯誤了！

23.4　章節總結

這個章節我們介紹了 Http status code 的用途，並且也詳細介紹了 Http status code 中的五個大類，以及常見的 Http status code 有哪些。

所以到這個章節為止，有關於 Spring MVC 的介紹就告一個段落了，在這個 Spring MVC 的部分中：

- 我們介紹了「Http 協議」和「JSON 格式」，了解前後端的溝通方式有哪些。
- 也介紹了常見的 Http method（GET 和 POST），以及如何透過 `@RequestParam`、`@RequestBody`、`@RequestHeader`、`@PathVariable`，接住前端所傳過來的參數。

- 也介紹了如何設計出 RESTful API，以及練習如何在 Spring Boot 中實作 RESTful API。

- 最後也介紹了常見的 Http status code 有哪些。

所以透過「第 13 章～第 23 章」的介紹，我們就完成了 Spring MVC 的介紹了。

Spring MVC 可以説是在 Spring Boot 開發中非常重要的一環，因為 Spring MVC 掌控了前端和後端之間的溝通，所以只要 Spring MVC 的部分沒有寫好，就會使得前端沒辦法正常的請求後端的 API，進而導致前後端串接失敗。因此建議大家可以好好了解 Spring MVC 的用法，在實際的工作中是會非常有幫助的！

那麼從下一個章節開始，我們就會進入到下一個部分：Spring JDBC，介紹要如何在 Spring Boot 中和「資料庫」進行溝通，那我們就下一章節見啦！

Note

PART 5

Spring JDBC 介紹

Spring JDBC 簡介

在前面的章節中,我們有介紹了 Spring MVC 中的許多特性,因此大家現在就可以透過 Spring MVC,在 Spring Boot 中和前端進行溝通了。

那麼了解了如何和前端溝通之後,從這個章節開始,我們就會進到下一個部分,也就是 Spring JDBC 的介紹,了解要如何透過 Spring JDBC,去和「資料庫」進行溝通,所以我們就開始吧!

24.1 回顧:前端和後端的差別、Spring MVC 負責的部分

我們在前面的章節中有介紹到,在現今的網站架構中,前端是負責進行排版設計,後端則負責數據處理。而前端除了設計網頁的排版之外,同時也需要去問後端:「這裡應該要顯示哪些商品?」這樣才能夠將數據和排版結合再一起,最後再將結果呈現給使用者看。

也因為如此,所以在上一個 Spring MVC 的部分中,我們就都是在介紹,**要如何透過 Spring MVC 去和「前端」溝通**。

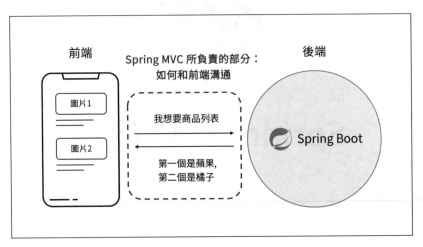

▲ 圖 24-1　Spring MVC 負責和前端溝通

但是這些商品的數據，我們總是得在後端程式中找個地方來儲存，因此我們就會將這些商品數據，去存放在「**資料庫**」裡面。所以當前端來詢問：「這裡要呈現哪些商品？」時，後端就可以從資料庫中查詢商品數據，最終再將這些數據返回給前端。

因此在這個 Spring JDBC 的部分中，我們就會來介紹，**要如何透過 Spring JDBC，去和「資料庫」進行溝通。**

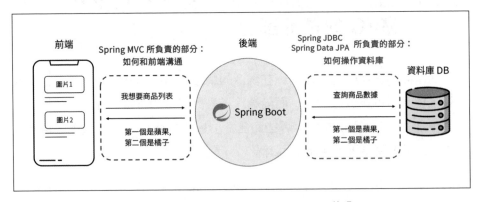

▲ 圖 24-2　Spring MVC 和 Spring JDBC 的分工

24.2 什麼是 Spring JDBC？

大概了解了 Spring JDBC 的用途之後，接著我們可以回頭來看一下 Spring JDBC 的定義。

Spring JDBC 的用途，就是「讓我們能夠在 Spring Boot 中執行 SQL 語法，進而去操作資料庫」，因此我們之後就可以透過 Spring JDBC 的功能，在 Spring Boot 中執行 SQL 語法，透過這些 SQL 語法，從資料庫中查詢、新增數據，進而就可以在 Spring Boot 中和資料庫中的數據互動了！

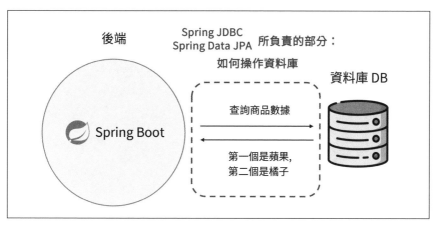

▲ 圖 24-3　Spring JDBC 負責和資料庫溝通

24.3 補充一：Spring JDBC 和 Spring Data JPA 的差別在哪裡？

在上圖中，大家可能有發現在上方的紅字中，不僅出現了「Spring JDBC」的文字，也出現了「Spring Data JPA」的文字（如下圖黃底處所示）。

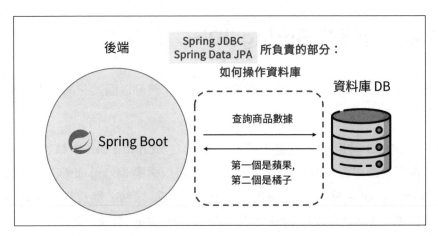

▲ 圖 24-4　Spring JDBC 和 Spring Data JPA 的差異

其實「在 Spring Boot 中操作資料庫數據」這件事，是有許多工具可以選擇的。像是在 Spring Boot 中，常見的操作資料庫的工具有：

- Spring JDBC
- MyBatis
- Spring Data JPA
- Hibernate
- ……等等

而在這些操作資料庫的工具中，又可以將它們分成兩類：

1. **在 Spring Boot 中執行 SQL 語法，使用 SQL 語法操作資料庫**
   這一類的工具，就是直接在 Spring Boot 中執行原始的 SQL 語法，然後透過這些 SQL 語法去存取資料庫的數據。Spring JDBC 和 MyBatis 都是屬於這一類。

2. **使用 ORM 的概念，去操作資料庫**
   這一類的工具，則是會透過 ORM（Object Relational Mapping）的概念，在 Spring Boot 中操作資料庫。因此當使用這類的工具時，就很少

會直接使用 SQL 語法操作資料庫了，而是會使用 ORM 的概念，去存取資料庫中的數據。Spring Data JPA 和 Hibernate 都屬於這一類。

所以回到最一開始的問題：「Spring JDBC 和 Spring Data JPA 的差別在哪裡？」簡單的說，**Spring JDBC 是透過執行 SQL 語法去操作資料庫，而 Spring Data JPA 則是透過 ORM 的概念去操作資料庫。**

也因為這兩種概念差異比較大，因此在本書只會介紹 Spring JDBC 的部分，而不會介紹 Spring Data JPA 的用法。

24.4 補充二：什麼是 CRUD？

CRUD 所代表的，是資料庫中的「**Create**（新增）、**Read**（查詢）、**Update**（修改）、**Delete**（刪除）」這四個操作的統稱，用來表示資料庫中最基礎的行為。

而這四個操作之所以會簡稱為 CRUD，是因為如果我們把這四個操作擺成直排來看的話，就會發現 CRUD 這個單字，只是各取它們的第一個英文字母來簡稱而已。

- Create（新增）
- Read（查詢）
- Update（修改）
- Delete（刪除）

之所以說 CRUD 是資料庫中最基礎的實作，是因為不管我們想要實作什麼功能（ex：商品功能），我們通常都得去實作數據的「新增、查詢、修改、刪除」這四個操作，因此實作 CRUD 可以說是後端工程師必備的基礎能力！

24.5 章節總結

這個章節我們先回顧了前端和後端之間的區別，並且也介紹了 Spring JDBC 的用途是什麼，以及補充 Spring JDBC 和 Spring Data JPA 的差異在哪裡，讓大家先對 Spring JDBC 有一個簡單的認識。

那麼下一個章節，我們就會接著來介紹，要如何透過 Spring JDBC 的功能，在 Spring Boot 中設定資料庫的連線資訊，那我們就下一個章節見啦！

25

資料庫連線設定、
IntelliJ 資料庫管理工具介紹

在上一個章節中，我們有先介紹了 Spring JDBC 的用途是什麼，先讓大家對 Spring JDBC 有一個簡單的認識。

那麼接著這個章節，我們就會實際的去創建一個資料庫，並且將 Spring Boot 程式連線到此資料庫上，同時也會補充要如何運用 IntelliJ 中的好用工具，去管理資料庫中的數據（僅限 IntelliJ Ultimate 付費版才有此功能），所以我們就開始吧！

25.1 回顧：什麼是 Spring JDBC？

Spring JDBC 的用途，就是「**讓我們能夠在 Spring Boot 中執行 SQL 語法，進而去操作資料庫**」，因此我們之後就可以透過 Spring JDBC 的功能，在 Spring Boot 中執行 SQL 語法，透過這些 SQL 語法，從資料庫中查詢、新增數據，進而就可以在 Spring Boot 中和資料庫中的數據互動了！

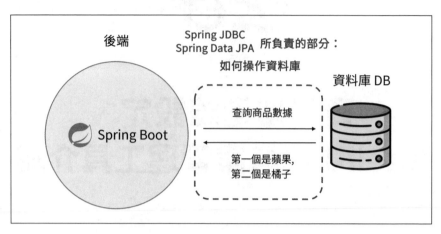

▲ 圖 25-1　Spring JDBC 負責和資料庫溝通

25.2　在 Spring Boot 中設定資料庫連線資訊

25.2.1　在 pom.xml 中載入 Spring JDBC 的功能

如果想要在 Spring Boot 中使用 Spring JDBC 的功能的話，首先會需要在 pom.xml 檔案中新增下列的程式，這樣才能將 Spring JDBC 的功能以及 MySQL 資料庫的 driver 給載入進來。

所以大家可以先打開左邊側邊欄中的 pom.xml 檔案，然後在第 29 行～第 37 行添加下面的程式：

```
<dependency>
    <groupId>org.springframework.boot</groupId>
    <artifactId>spring-boot-starter-jdbc</artifactId>
</dependency>
<dependency>
    <groupId>com.mysql</groupId>
```

```
    <artifactId>mysql-connector-j</artifactId>
    <version>8.0.33</version>
</dependency>
```

添加好上述的程式之後，此時在 pom.xml 的右上角會出現一個 M 符號，
這時記得要點擊一下 M 符號，才能夠成功更新這個 Spring Boot 程式，把
Spring JDBC 的功能以及 MySQL 資料庫的 driver 給載入進來。

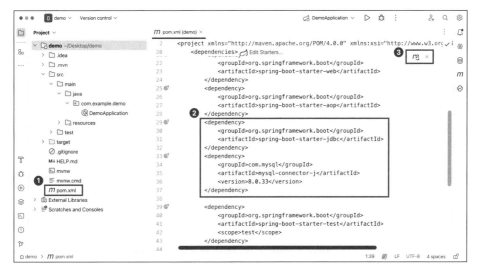

▲ 圖 25-2　在 pom.xml 中載入 Spring JDBC 的功能、MySQL 資料庫的 driver

補充

此處是以 MySQL 為例，如果大家使用的是其他的資料庫（ex：
PostgreSQL、SQL Server），則第 33 行～第 37 行需要改成該資料庫的
driver。

25.2.2 在 application.properties 中設定資料庫連線資訊

載入好 Spring JDBC 和 MySQL 的 driver 之後，接著我們可以在 Spring Boot 中，去設定 MySQL 資料庫的連線，這樣後續就能夠在 Spring Boot 程式裡面，去操作 MySQL 資料庫中的數據了。

要在 Spring Boot 中設定資料庫的連線資訊的話，只要在 application.properties 檔案中添加下列程式，這樣就完成 MySQL 資料庫的連線設定了！

```
spring.datasource.driver-class-name=com.mysql.cj.jdbc.Driver
spring.datasource.url=jdbc:mysql://localhost:3306/myjdbc?serverTimezone
=Asia/Taipei&characterEncoding=utf-8
spring.datasource.username=root
spring.datasource.password=springboot
```

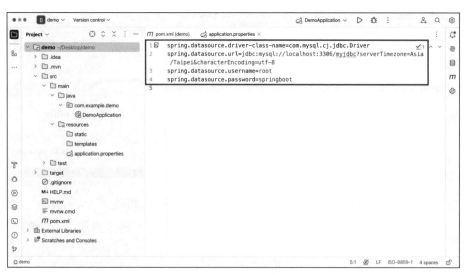

▲ 圖 25-3　application.properties 中的資料庫連線設定

> **補充**
>
> application.properties 檔案是 Spring Boot 的設定檔，用來存放 Spring Boot 中的設定值。有關 application.properties 的用法，可以回頭參考「第 10 章 _ 讀取 Spring Boot 設定檔 —@Value、application.properties」的介紹。

在 application.properties 檔案中添加這些程式之後，我們也可以來分別介紹一下，這四行程式的用途是什麼：

1. **spring.datasource.driver-class-name**

   spring.datasource.driver-class-name 是表示要使用的是哪種資料庫的 driver，此處我們填寫的是 MySQL 的 driver。

2. **spring.datasource.url**

   spring.datasource.url 則是表示要連接到哪台資料庫上。像是前面的 `jdbc:mysql://localhost:3306`，就是表示要連接到安裝在我們自己電腦上的 MySQL 資料庫。而後面的 `/myjdbc`，則是指定要連線到 MySQL 資料庫中的 `myjdbc` database。

   並且在 `myjdbc` 後面的 `?` 中，我們也有加上兩個參數：

   - 其中 `serverTimezone=Asia/Taipei` 是表示我們指定所使用的時區是台北時區。
   - 而 `characterEncoding=utf-8` 則表示我們所使用的編碼是 utf-8，這樣在處理中文的時候才不會出現亂碼。

3. **spring.datasource.username**

   spring.datasource.username 是要填入 MySQL 資料庫中的帳號，此處填上預設的帳號 `root`。

4. **spring.datasource.password**

spring.datasource.password 是填入上面那個帳號的密碼，此處填上 `springboot`。

（補充）

這個密碼 `springboot`，其實就是我們一開始在安裝 MySQL 時，所設定的那組密碼，當時是建議大家和本書設定一樣的 `springboot`。

如果你當初不是使用 `springboot` 當作密碼，那麼這裡即是填入當時你所設定的密碼。

當我們在 application.properties 中添加好這四行程式之後，Spring Boot 到時候就會根據這四行程式，去連線到我們所指定的資料庫了！

這個章節大家先完成 application.properties 中的資料庫連線設定即可，有關 Spring JDBC 的用法，我們在下一個章節會繼續介紹。

25.3 IntelliJ 中的資料庫管理工具

25.3.1 在 IntelliJ 中添加 MySQL 資料庫連線

在 IntelliJ Ultimate（付費版）中，有一個非常好用的資料庫工具，讓我們可以直接透過 IntelliJ 的介面，去管理資料庫中的數據。

只要點擊 IntelliJ 右側的資料庫圖示，就可以開啟 IntelliJ 中的資料庫管理工具。

▲ 圖 25-4　在 IntelliJ 中開啟資料庫管理工具

接著可以點擊上方的 + 號，去新增一個 MySQL 資料庫的連線，連線到大家電腦中所安裝的 MySQL 資料庫。

▲ 圖 25-5　在 IntelliJ 中添加 MySQL 資料庫連線

開啟設定的視窗之後，在 User 處填上 `root`，在 Password 處填上 `springboot`（此密碼即是當初安裝 MySQL 時設定的密碼）。

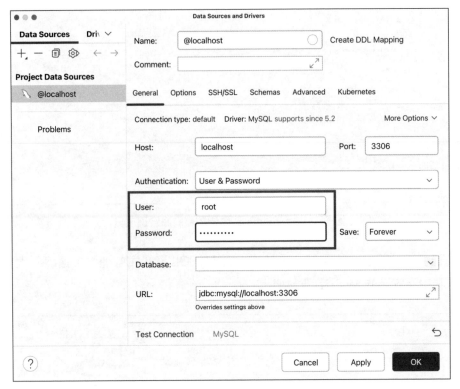

▲ 圖 25-6　輸入 MySQL 資料庫的帳號密碼

填寫完成後，此時可以先試著點擊左下角的「Test Connection」標籤，測試一下 MySQL 的資料庫連線，只要出現 Succeeded 就表示連線成功！

▲ 圖 25-7　測試 MySQL 資料庫的連線

測試成功之後，記得重新輸入一次 Password 的值 `springboot`（密碼會被 IntelliJ 清掉），然後再按下右下角的 OK 保存即可。按下 OK 之後，這時候就創建好 MySQL 連線了，因此 IntelliJ 就會跳出一個 console 的視窗，讓我們去撰寫 SQL 語法。

所以後續我們就可以在這個 console 中撰寫 SQL 語法，直接在 IntelliJ 中存取 MySQL 資料庫中的數據了！

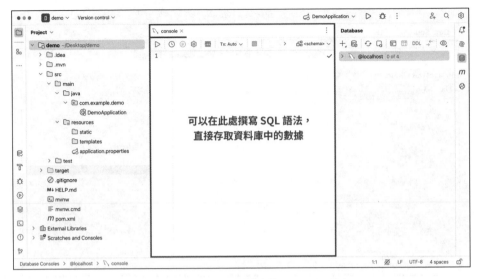

▲ 圖 25-8　IntelliJ 所跳出的 console 視窗

25.3.2　創建 myjdbc database

像是我們可以在 console 中添加下方的 SQL 語法，嘗試去創建一個 myjdbc database 出來。

```
CREATE DATABASE myjdbc;
```

寫好之後，只需要按下左上方的「播放鍵」，就可以去執行這條 SQL 語法。而在這條 SQL 執行成功之後，在右側的視窗也會出現 myjdbc 的 database 資訊。

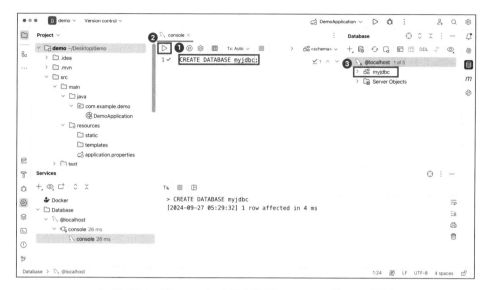

▲ 圖 25-9　在 console 中執行創建 database 的 SQL 語法

如果大家在右邊的 Database 側邊欄中沒有看到 myjdbc database 的話，也可以點擊右上角的「0 of 5」，然後勾選 myjdbc，這樣子 myjdbc 這個 database 就會出現在右邊側邊欄了！

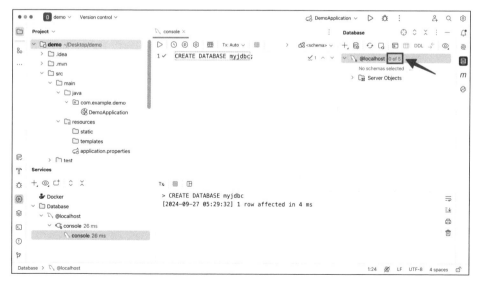

▲ 圖 25-10　開啟 myjdbc database

25.3.3　創建 student table

我們除了能夠在 console 中創建 myjdbc database 之外，我們也是可以在這個 console 中執行創建 table 的 SQL 語法，在 myjdbc database 中去創建一個新的 table 出來。

要在 myjdbc database 中創建一個新的 table 的話，**首先要先點擊右上方的 `<schema>` 按鈕，並且選擇 myjdbc，這樣子才能夠切換到 myjdbc database**，確保後續我們所執行的 SQL 語法，是真的在 myjdbc 中執行。

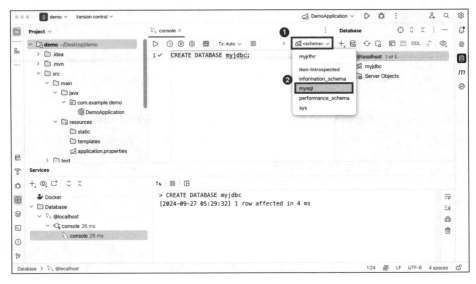

▲ 圖 25-11　切換至 myjdbc database

切換好之後，接著我們可以在 console 中添加以下的 SQL，去創建一個 student table 出來。

```
CREATE TABLE student (
    id INT PRIMARY KEY ,
    name VARCHAR(30)
);
```

添加好這段 SQL 之後，只要反白這段 SQL 語法，再去按下播放鍵，這樣子就可以去執行這一段 SQL 語法，在 myjdbc database 中創建一個 student table 出來了！因此在右側的側邊欄中，就會出現 student table 的資訊了。

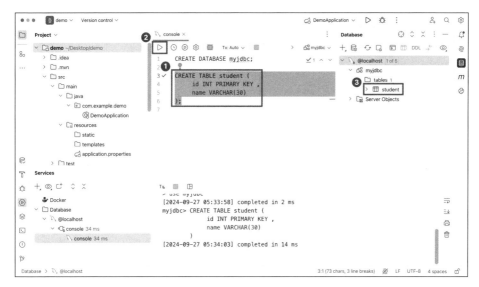

▲ 圖 25-12　在 console 中執行創建 table 的 SQL 語法

25.3.4　查看 student table 中的數據

創建好 student table 之後，這時只要使用左鍵，對著右邊側邊欄中的 student table 點擊兩下，就可以開啟這個 student table，查看該 table 中的數據。

所以像是目前在 student table 中，就沒有任何一筆數據存在，是一張空的 table。

▲ 圖 25-13　查看 student table 中的數據一

但是如果我們回到 console 上，然後添加下面這行 INSERT SQL，並且去執行這一條 SQL 語法，在 student table 中插入一筆 Judy 的數據之後。

```
INSERT INTO student(id, name) VALUES (1, 'Judy');
```

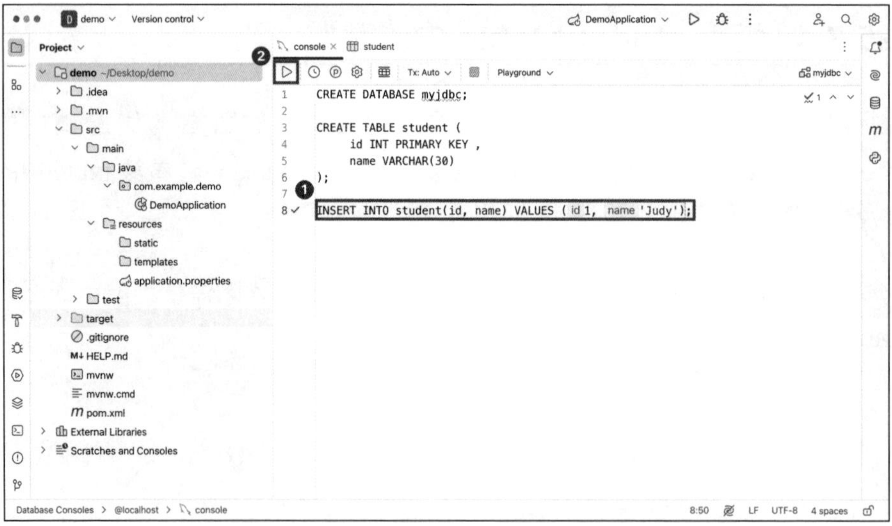

▲ 圖 25-14　在 console 中執行插入數據的 SQL 語法

這時候再回到 student table 中，並且點擊「重新整理」的按鈕的話，就可以看到在這張 student table 裡面，就多出一筆 Judy 的數據了！

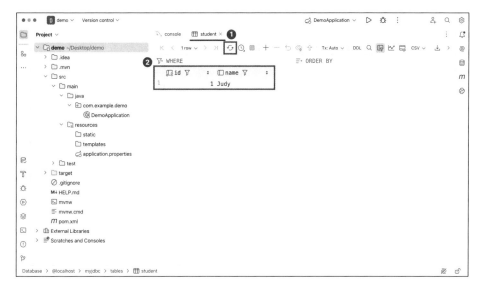

▲ 圖 25-15　查看 student table 中的數據二

因此透過 IntelliJ 所提供的資料庫工具，我們就可以直接在 IntelliJ 中查看和修改資料庫中的數據了！所以我們之後就只需要一個 IntelliJ，就可以完成所有的後端開發啦！讚讚讚！

25.4　章節總結

在這個章節中，我們先介紹了如何在 Spring Boot 中載入 Spring JDBC 的功能，並且也介紹了 application.properties 中的資料庫連線設定含義，最後也補充了 IntelliJ Ultimate（付費版）所提供的好用的資料庫管理工具，因此後續我們就可以透過這個資料庫工具，去管理資料庫中的數據了。

那麼下一個章節，我們就會正式來介紹 Spring JDBC 的用法，也就是介紹要
如何在 Spring Boot 程式中執行 SQL 語法，進而去操作資料庫中的數據，那
我們就下一個章節見啦！

26

Spring JDBC 的用法 (上)一 執行 INSERT、UPDATE、 DELETE SQL

在上一個章節中，我們有在 Spring Boot 中載入了 Spring JDBC 的功能，並且也設定好了 MySQL 資料庫的連線資訊。

所以這個章節，我們就會正式來介紹，要如何使用 Spring JDBC 的功能，在 Spring Boot 程式中執行 SQL 語法，進而去操作資料庫內部的數據。

26.1 Spring JDBC 用法介紹

26.1.1 Spring JDBC 用法介紹

在 **Spring JDBC** 中，會根據 **SQL** 語法去區分成兩大類，分別是 **update** 系列和 **query** 系列。

- 在 update 系列的方法中，可以去執行 INSERT、UPDATE、DELETE 這三種 SQL 語法。
- 而在 query 系列的方法中，只能執行 SELECT 這一種 SQL 語法。

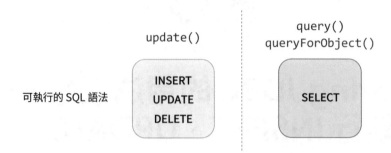

▲ 圖 26-1　Spring JDBC 中的 SQL 語法分類

因此大家如果想要執行的是 INSERT SQL，那就是得使用 `update()` 來執行，如果想執行 SELECT SQL 的話，則是得改成使用 `query()` 來執行。

由於 `update()` 和 `query()` 方法在用法上會有點差別，因此接下來就會分成兩個章節，分別來介紹這兩種方法的用法，因此在這個章節中，我們就會先來介紹 `update()` 的用法。

26.1.2　補充：怎麼背哪種 SQL 用哪個方法來執行？

在上面的圖中有提到，INSERT、UPDATE、DELETE 這三種 SQL 語法，要用 `update()` 方法來執行，而 SELECT 這一種 SQL 語法，則是得改用 `query()` 方法來執行。不過這個對應關係是不用特別背的！我們其實是可以透過「方法的名稱」，去推敲出這件事情的。

像是 `update()` 方法，它所代表的是「更新資料庫中的數據」的意思，而以下這三種情境：

■ INSERT：在資料庫中新增一筆數據
■ UPDATE：修改資料庫中已存在的數據
■ DELETE：刪除資料庫中的數據

廣義上來說，都是去「改變資料庫中儲存的數據」，因此 INSERT、UPDATE、DELETE 這三種 SQL 語法，就都可以使用 `update()` 方法來執行。

而至於另外一個 `query()` 方法，他所代表的則是「**查詢資料庫中的數據**」的意思，因此他就只會對應到 SELECT 這一種 SQL 語法，專門去查詢資料庫中的資料。

所以大家在使用 Spring JDBC 時，不需要特別背要用哪種 SQL 要用哪一個方法來執行，只需要從方法名稱上去推敲即可！

26.2 update() 的基本用法

在前面有提到，`update()` 方法是可以去執行 INSERT、UPDATE、DELETE 這三種 SQL 語法，而要使用 `update()` 方法的話，可以分成四個步驟來實作。

26.2.1 步驟一：注入 NamedParameterJdbcTemplate Bean

要使用 `update()` 方法的話，首先第一步，就是要先在你的 Bean 裡面，去注入 NamedParameterJdbcTemplate 進來。

因此我們就可以在 StudentController 裡面，先使用 `@Autowired`，去注入 NamedParameterJdbcTemplate 這個 Bean 進來。

```
@Autowired
private NamedParameterJdbcTemplate namedParameterJdbcTemplate;
```

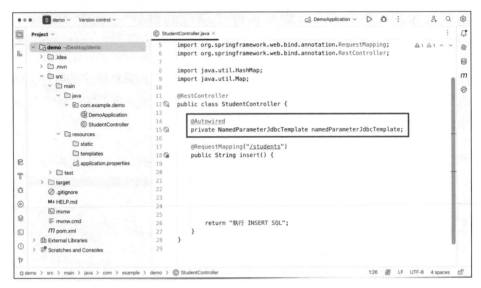

▲ 圖 26-2　步驟一：注入 NamedParameterJdbcTemplate Bean

這個 NamedParameterJdbcTemplate 是 Spring JDBC 自動幫我們生成的 Bean，它會負責去處理和資料庫溝通的所有事項，因此我們後續就可以透過 NamedParameterJdbcTemplate，去幫我們執行 SQL 語法。

所以簡單的說，只要我們使用的是 Spring JDBC，那我們基本上就都是在跟 NamedParameterJdbcTemplate 打交道，了解它所提供的用法有哪些。

補充

上圖中的其他程式（像是第 11 行的 `@RestController`、第 17 行的 `@RequestMapping`），它們是屬於 Spring MVC 的功能，如果對這部分不太熟悉，可以回頭參考「第 13 章～第 23 章」的介紹。

26.2.2　步驟二：撰寫 SQL 語法

注入 NamedParameterJdbcTemplate 進來之後，**接著第二步，就是去寫出想要執行的 SQL 語法。**

所以我們就可以創建一個 String 類型的變數 sql，並且在裡面寫上我們想要執行的 SQL 語法。

像是在下方的 INSERT SQL 中，就是會在 student table 中插入一筆「id 為 3、並且 name 為 John」的數據，因此到時候 Spring JDBC 就會去執行這一條 SQL，在 student table 中插入這筆數據。

```java
String sql = "INSERT INTO student(id, name) VALUES (3, 'John')";
```

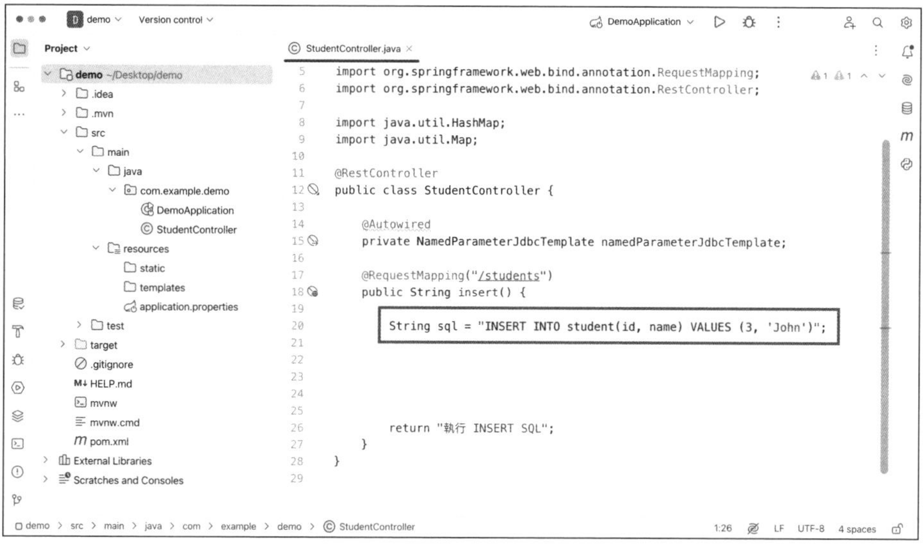

▲ 圖 26-3　步驟二：撰寫 SQL 語法

26.2.3 步驟三：新增一個 Map<String, object> 的 map 變數

接著第三步，是去新增一個類型為 `Map<String, object>` 的 map 變數出來，因此可以在下圖中，添加下列的程式：

```
Map<String, Object> map = new HashMap<>();
```

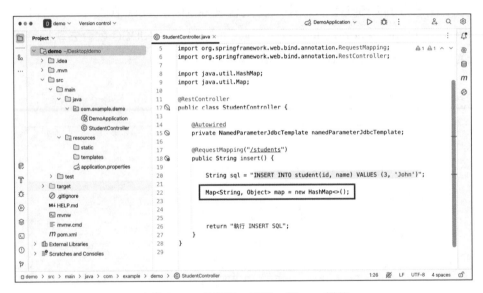

▲ 圖 26-4　步驟三：新增一個 map 變數

補充

在這個章節後面的小節，就會介紹這個 map 變數的用途了，因此目前就先照抄即可。

26.2.4　步驟四：使用 **update()** 方法

當 前 面 的 步 驟 都 完 成 之 後， 最 後 一 步， 就 是 去 使 用 namedParameterJdbcTemplate 的 `update()` 方法，並且把上面所實作的 sql 和 map 這兩個變數，依照順序傳進去 `update()` 方法裡面。

```
namedParameterJdbcTemplate.update(sql, map);
```

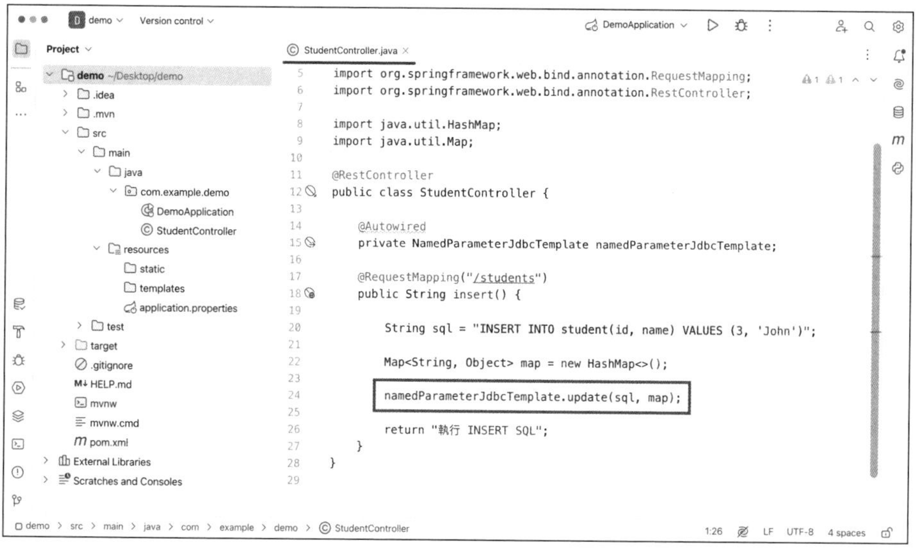

▲ 圖 26-5　步驟四：使用 update() 方法

只 要 完 成 了 這 四 個 步 驟， 到 時 候 Spring Boot 就 會 去 執 行 第 24 行 的 `update()` 方法，並且這個 `update()` 方法，就會去執行我們所指定的 SQL 語法 (即是執行 sql 變數中所儲存的 SQL 語法，`INSERT INTO student(id, name) VALUES (3, 'John')`)，因此最終就可以在 MySQL 資料庫中插入一筆新的數據了！

26.2.5　實際測試

完成上述的程式之後，我們可以運行這個 Spring Boot 程式，來測試一下它的效果。

成功運行 Spring Boot 程式之後，接著到 API Tester 中，填入以下的請求參數：

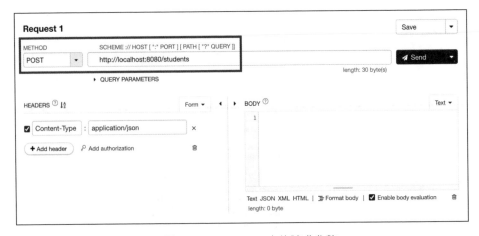

▲ 圖 26-6　API Tester 中的請求參數

填寫完畢之後，就按下右側的 Send 鍵，去發起一個 Http 請求。在請求成功之後，接著可以回到 IntelliJ 上，然後點開右側的資料庫圖示，並且開啟 student table。

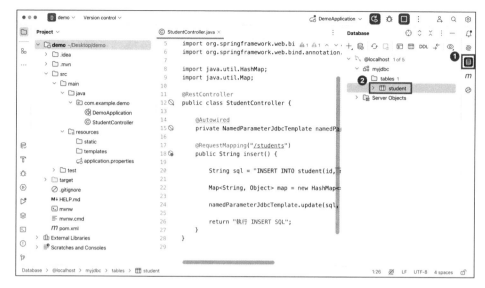

▲ 圖 26-7　開啟 student table

這時在 student table 中，可以看到多出了一筆「id 為 3、並且 name 為 John」的數據。

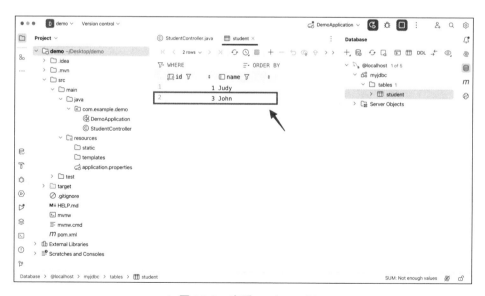

▲ 圖 26-8　查看 student table

所以這就表示，我們就成功的透過了 Spring JDBC 的 `update()` 方法，在 Spring Boot 中執行 INSERT SQL 的語法，去新增一筆數據到資料庫中了！

26.3 update() 中的 map 參數用法

透過上面的介紹，我們現在已經能夠成功的透過 `update()` 方法，在 Spring Boot 程式中執行 SQL 語法，進而去新增一筆數據到資料庫中了。

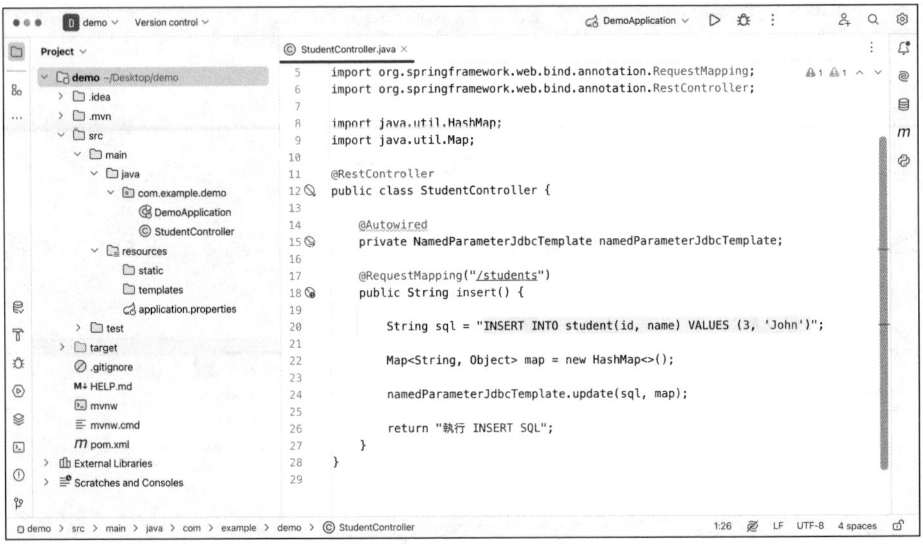

▲ 圖 26-9 至今為止的 Spring Boot 程式實作

不過，在上面的「步驟三：新增一個 `Map<String, object>` 的 map 變數」小節裡，我們當時有先略過了 map 變數的用法，而現在我們可以回頭來介紹這個 map 變數的用法了。

這個 map 變數的用途，是用來「放置 SQL 語法裡面的變數的值」，這句話聽起來有點抽象，所以我們可以直接透過一個例子，來看一下 map 變數的用法為何。

26.3.1 例子：根據前端的參數，動態的決定 SQL 中的值

在上面那段程式中，我們是直接寫死一條 SQL 語法 `INSERT INTO student (id, name) VALUES (3, 'John')` 在程式裡面，因此不管前端傳了什麼參數過來，我們始終都只能夠在資料庫中，去新增一筆「id 為 3、並且 name 為 John」的數據。

不過這樣子的寫法非常的不彈性，如果我們想要改成是去新增一筆「id 為 4、name 為 Bob」的數據的話，就得先停止 Spring Boot 程式，修改這一行 SQL 語法，然後再重新運行 Spring Boot 程式，在實作上就會變得非常麻煩。

因此，**假設我們想要「動態的決定」當前 SQL 語法中的值的話，那就需要依靠 map 這個變數來幫忙了！**

26.3.2 前置準備

為了練習 map 變數的用途，首先我們得先做一些前置準備，去接住前端傳過來的參數。

因此大家可以先創建一個 Student class，並且在裡面創建兩個變數 id 和 name，以及它們的 getter 和 setter，程式如下（或是你之前沒有刪除的話，也可以直接重複使用前面的 Student 程式）：

```
public class Student {

    private Integer id;
    private String name;

    public Integer getId() {
        return id;
    }
}
```

```java
public void setId(Integer id) {
    this.id = id;
}

public String getName() {
    return name;
}

public void setName(String name) {
    this.name = name;
}
}
```

接著在 StudentController 裡，在第 19 行的 `insert()` 方法的實作中，添加 `@RequestBody` 註解，使用 `@RequestBody`，去接住前端傳過來的參數。

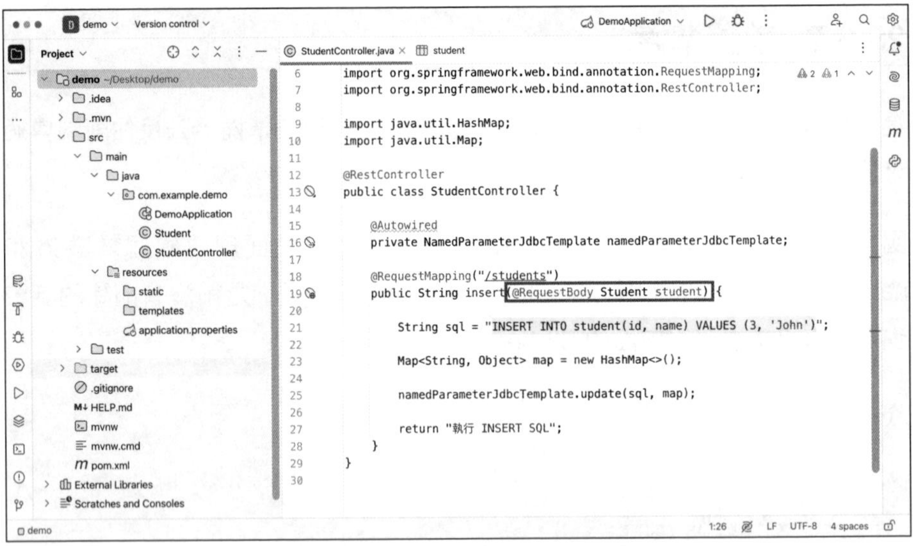

▲ 圖 26-10　新增 @RequestBody 的實作

> **補充**
>
> 不熟悉 `@RequsetBody` 的用法的話，可以回頭參考「第 19 章 _ 取得請求
> 參數（上）─@RequestParam、@RequestBody」的介紹。

26.3.3　修改 SQL 語法、添加 map 變數中的值

使用 `@RequestBody` 接住前端傳來的變數之後，接著我們就可以透過 map 變
數，將前端所傳過來的 id 和 name 的值，插入一筆新的數據到資料庫中。

因此此處有兩個地方需要修改：

首先是第 19 行的 SQL 語法，要將 `(3, John)` 的程式，改寫成 `(:studentId,`
`:studentName)`。

```
String sql = "INSERT INTO student(id, name) VALUES (:studentId,
:studentName)";
```

接著是在 map 變數下方，添加第 24、25 行，在 map 變數中新增兩組 key-
value 的值。

```
map.put("studentId", student.getId());
map.put("studentName", student.getName());
```

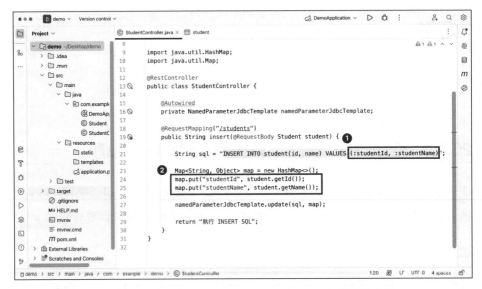

▲ 圖 26-11　修改 SQL 語法中的值、添加 map 變數中的值

修改好這些程式之後，我們可以來看一下這些改動的效果為何。

首先在 **Spring JDBC** 中，只要在 **SQL** 語法中加上了「**:**」，就表示這是一個「**SQL 中的變數**」。

- 像是 `:studentId`，就表示我們指定這是一個 SQL 中的變數，名字叫做 studentId。

- 而像是 `:studentName`，就表示我們指定另一個 SQL 中的變數，名字則是叫做 studentName。

因此我們就可以透過這個邏輯，在同一句 SQL 語法裡面，添加無數個 SQL 中的變數了。

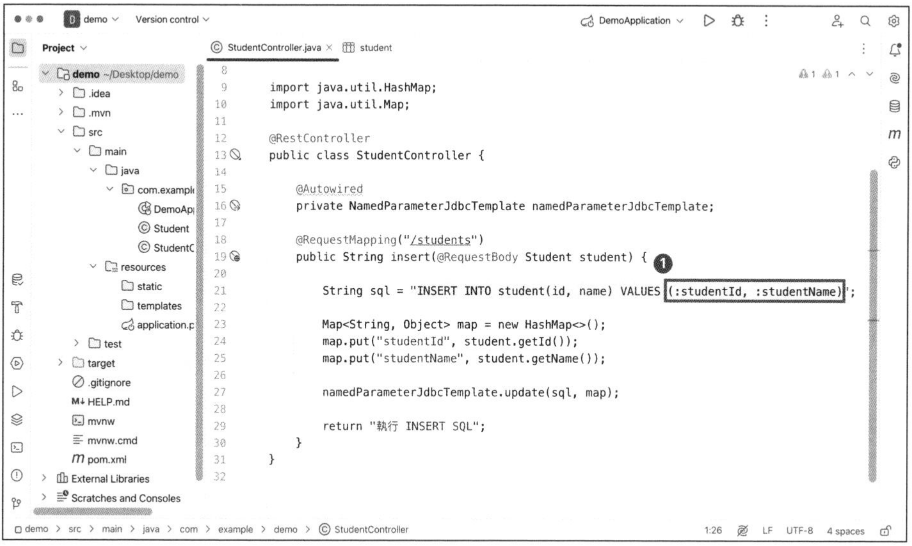

▲ 圖 26-12　修改 SQL 語法中的值

而在 SQL 語法中的 `:studentId`、`:studentName` 這些變數，我們可以使用第 23 行的 map，來指定這些變數的值為多少。**因此在使用 map 變數時，前面要放的是「SQL 變數的名字」，後面放的則是「這個 SQL 變數的值是多少」。**

像是如果我們想要指定 `:studentId` 的值為 5 的話，那麼就可以寫成：

```
map.put("studentId", 5);
```

而當我們想要指定 `:studentId` 的值，是「前端傳過來的 id 的值」的話，那麼就可以寫成是：

```
map.put("studentId", student.getId());
```

因此我們就可以透過 map 變數，動態的去決定 SQL 中的變數的值了！

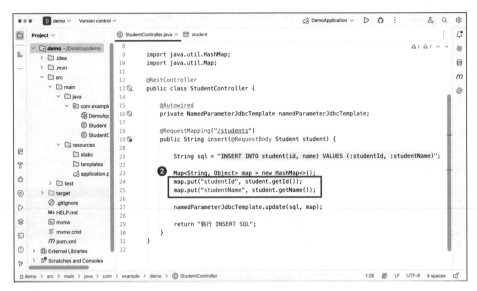

▲ 圖 26-13　添加 map 變數中的值

> **補充**
>
> 大家看到這裡，如果覺得有點亂、仍舊不清楚 map 的具體用法的話，
> 建議可以先直接往下看「實際測試」的部分，實際的用 API Tester 和
> Spring Boot 程式來搭配練習，慢慢的就能夠掌握 map 的用法了。

26.3.4　實際測試

完成上述的程式之後，大家可以先重新運行 Spring Boot 程式，接著實際到
API Tester 中來測試一下。

在 API Tester 中，我們可以填入以下的參數，表示要插入一筆「id 為 4、
name 為 Bob」的數據到資料庫。

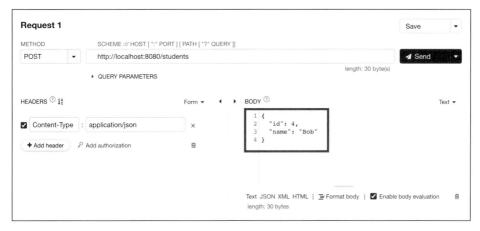

▲ 圖 26-14　API Tester 中的請求參數

填寫完畢之後，就按下右側的 Send 鍵發出一個 Http 請求，並且請求成功之後，就可以回到 IntelliJ 上，然後開啟右邊側邊欄中的 student table。

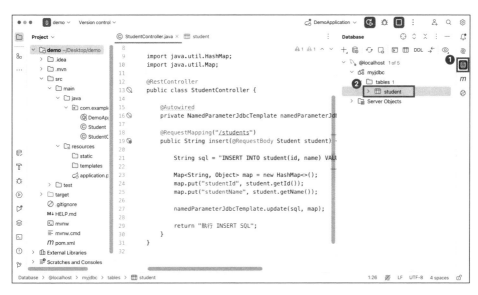

▲ 圖 26-15　開啟 student table

這時就可以在 student table 中，看到多出了一筆「id 為 4、並且 name 為 Bob」的數據。

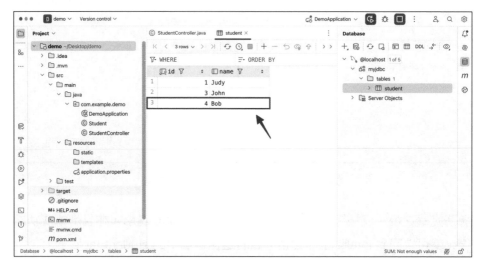

▲ 圖 26-16　查看 student table

因此這就表示，我們就成功的透過了 `update()` 方法的 map 參數，動態的去決定 SQL 語法中的變數了！所以後續我們就可以根據前端所傳遞過來的參數，動態的在資料庫中插入不同的數據了。

26.4　update() 方法的用法總結

所以總結來說，如果想要使用 `update()` 方法，去執行 INSERT、UPDATE、DELETE 這三種 SQL 語法的話，那麼就只要在 `update()` 方法中，按照順序填入以下兩個參數：

- **sql 參數**：放想要執行的 SQL 語法。
- **map 參數**：動態的決定 SQL 變數中的值。

```
update(String sql, Map<String, Object> map)
```

放要執行的 SQL 語法　　　　　　　**放 SQL 語法裡面的變數的值**

```
"INSERT INTO student(id, name) VALUE (3, 'John')"
```

▲ 圖 26-17　update() 用法總結

這樣子就可以在 Spring Boot 中，去執行你想要執行的 INSERT、UPDATE 以及 DELETE 的 SQL 語法了！

26.5　章節總結

在這個章節中，我們先去介紹了 Spring JDBC 中的 `update()` 方法的基本用法，並且也有介紹 `update()` 中的 map 參數用法，所以大家以後就可以透過這個寫法，在 Spring Boot 程式中去執行 INSERT、UPDATE、DELETE 這三種 SQL 語法了。

那麼下一個章節，我們就會接著來介紹 Spring JDBC 中的另一個核心方法，也就是 `query()` 方法，那我們就下一個章節見啦！

Note

27

Spring JDBC 的用法 (下)一 執行 SELECT SQL

在上一個章節中，我們介紹了 Spring JDBC 中的 `update()` 方法的用法，了解要如何透過 `update()` 方法，去執行 INSERT、UPDATE、DELETE 這三種 SQL 語法。

那麼這個章節，我們就會來介紹 Spring JDBC 中的另一個方法，也就是 `query()` 的用法，所以我們就開始吧！

27.1　query() 方法的用法

`query()` 方法的用途，是去執行 **SELECT** 這個 **SQL** 語法，因此只要是想要使用 SELECT 語法去查詢資料庫中的數據的話，都是使用 `query()` 方法來執行。

而 `query()` 方法的用法和 `update()` 方法非常相似，前兩個參數都和 `update()` 方法一樣，都是先放入「想要執行的 SQL 語法」，再放入「動態決定 SQL 變數的 map」。

不過 `query()` 方法特別的地方，就在於它的第三個參數 RowMapper。

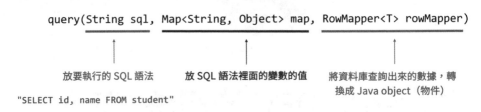

query(String sql, Map<String, Object> map, RowMapper<T> rowMapper)

放要執行的 SQL 語法   放 SQL 語法裡面的變數的值   將資料庫查詢出來的數據，轉換成 Java object（物件）

"SELECT id, name FROM student"

▲ 圖 27-1　query() 用法的三個參數

27.1.1　RowMapper 的用途

在 `query()` 方法中的第三個參數 RowMapper，它的用途是「將資料庫查詢出來的數據，轉換成是 **Java object**（物件）」。

像 是 我 們 可 以 創 建 一 個 新 的 StudentRowMapper class，然 後 讓 它去 implements RowMapper interface， 此 處 注 意 要 implements 的 是 `org.springframework.jdbc.core.RowMapper` 底下的 RowMapper，要小心不要選到其他的 RowMapper。

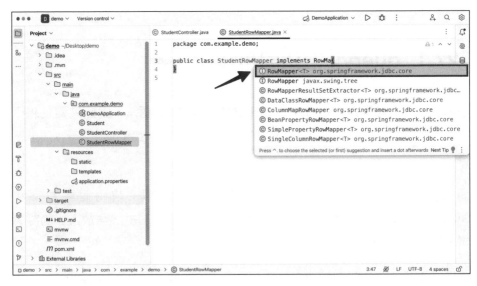

▲ 圖 27-2　RowMapper 的程式實作一

implements 好 RowMapper 之後，接著在這個 class 中點擊右鍵，然後選擇「Generate…」，並且選擇「Implement Methods」。

▲ 圖 27-3　RowMapper 的程式實作二

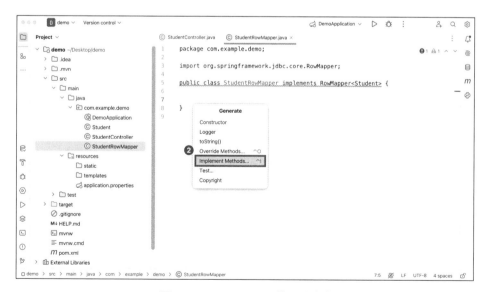

▲ 圖 27-4　RowMapper 的程式實作三

然後選擇實作 `mapRow()` 這個方法，接著按下 OK 鍵。

▲ 圖 27-5　RowMapper 的程式實作四

到這裡，我們就完成 RowMapper 的雛形了，接下來我們只要實作裡面的 `mapRow()` 方法，即可將資料庫中查詢出來的數據，轉換成 Java object，最後返回給前端了！

27.1.2　實作 RowMapper

在 RowMapper 中，我們要將資料庫中所查詢出來的數據，轉換成是 Java object，因此假設我們到時候要執行的是下面這條 SQL 語法的話，那麼就是要將 id、name 欄位的值，轉換成 Student object 中的 id、name 變數。

```
SELECT id, name FROM student
```

所以在 StudentRowMapper 中，我們可以依照下面的方式實作 `mapRow()` 方法，這樣子就可以將資料庫中查詢出來的 id、name 欄位，轉換成 Student object 中 id、name 變數的值了。

```java
public class StudentRowMapper implements RowMapper<Student> {

    @Override
    public Student mapRow(ResultSet rs, int rowNum) throws SQLException {
        Student student = new Student();
        student.setId(rs.getInt("id"));
        student.setName(rs.getString("name"));
        return student;
    }

}
```

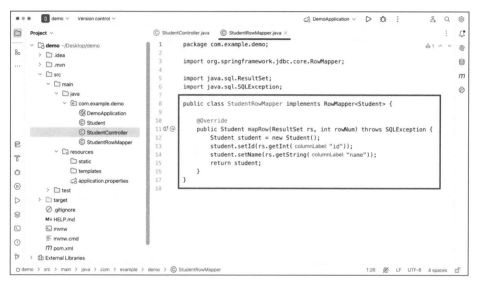

▲ 圖 27-6 實作 RowMapper 中的 mapRow() 方法

27.2 使用 query() 方法查詢數據

27.2.1 實作 query() 方法

在我們實作完 StudentRowMapper 之後，接下來就可以用 `query()` 方法去執行 SELECT SQL，實際的從資料庫中查詢數據了。

所以我們可以在 StudentController 中，實作下列的程式：

```
@RequestMapping("/getStudents")
public List<Student> query() {

    String sql = "SELECT id, name FROM student";

    Map<String, Object> map = new HashMap<>();

    StudentRowMapper rowMapper = new StudentRowMapper();

    List<Student> list = namedParameterJdbcTemplate.query(sql, map,
                                                           rowMapper);

    return list;
}
```

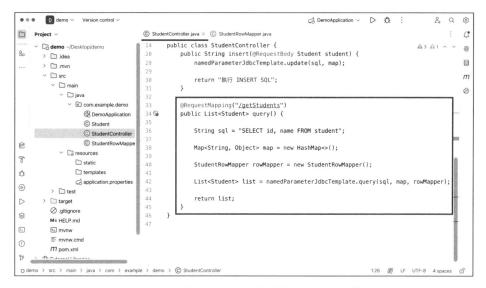

▲ 圖 27-7　使用 query() 方法從資料庫中查詢數據

當我們這樣子實作之後，到時候前端來請求 `/getStudents` 時，Spring Boot 程式就會去執行第 42 行程式，使用 `query()` 方法去執行 `"SELECT id, name FROM student"` 這個 SQL 語法，並且會將查詢出來的 student 數據，儲存在第 42 行的 `List<Student> list` 的變數中，最後返回給前端。

27.2.2　實際測試

完成上述的程式之後，我們可以運行這個 Spring Boot 程式，來測試一下效果。在成功運行 Spring Boot 程式之後，接著我們可以到 API Tester 中，填入以下的請求參數：

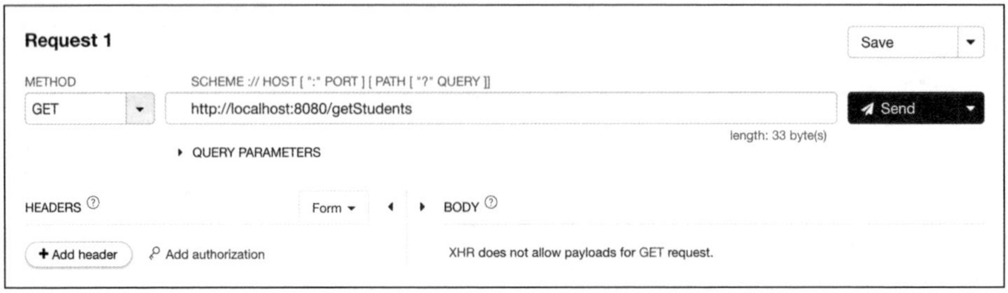

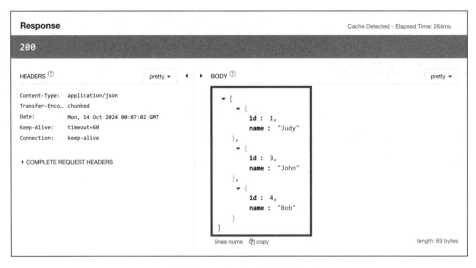

▲ 圖 27-8　API Tester 中的請求參數

填寫完畢之後，就按下右側的 Send 鍵，去發起一個 Http 請求。

請求成功之後，這時候往下拉的話，在下方的 response body 區塊中，就可以看到 Spring Boot 程式返回了資料庫中的所有學生數據給前端，所以在這裡就呈現了 3 筆數據，分別是：

- id 為 1 的 Judy
- id 為 3 的 John
- id 為 4 的 Bob

▲ 圖 27-9　請求的返回結果

而這就和我們在 IntelliJ 中所看到的 student table 中所儲存的數據，是一模一樣的。

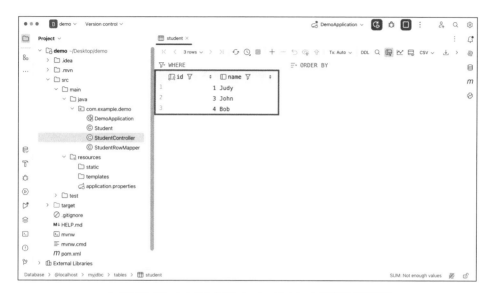

▲ 圖 27-10　IntelliJ 中的 student table 中所儲存的數據

因此這就表示，我們就成功的透過了 Spring JDBC 的 `query()` 方法，在 Spring Boot 中執行 SELECT SQL 語法，從資料庫中查詢數據出來了！

27.3　query() 方法的用法總結

所以總結來説，如果想要使用 `query()` 方法，去執行 SELECT 這一種 SQL 語法的話，那麼就必須要在 `query()` 方法中，按照順序填入以下三個參數：

- **sql 參數**：放想要執行的 SQL 語法。
- **map 參數**：動態的決定 SQL 變數中的值。
- **rowMapper 參數**：將資料庫查詢出來的數據，轉換成 Java object（物件）。

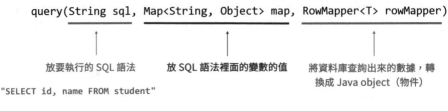

▲ 圖 27-11　query() 方法的用法總結

這樣子就可以在 Spring Boot 中，去執行你想要執行的 SELECT SQL 語法了！

27.4　章節總結

在這個章節中，我們有介紹了 Spring JDBC 中的 `query()` 方法，了解要如何透過 `query()` 方法，在 Spring Boot 中執行 SELECT SQL 的語法，從資料庫中查詢數據出來，最終返回給前端。

在了解了 Spring JDBC 中的兩大用法之後，下一個章節我們會來介紹軟體工程中的一個很重要的概念，也就是「MVC 架構模式」，那我們就下一個章節見啦！

MVC 架構模式—
Controller-Service-Dao
三層式架構

在上兩個章節中,我們有介紹了 Spring JDBC 的兩個核心用法:`update()` 和 `query()`,因此大家就可以透過這兩個方法,在 Spring Boot 中執行你想要執行的 SQL 語法了。

而在介紹完 Spring JDBC 的核心用法之後,接著這個章節要介紹的,是軟體工程中一個很重要的概念,即是「MVC 架構模式」。

28.1 什麼是軟體工程?

在介紹什麼是「MVC 架構模式」之前,我們可以先來看一下,「軟體工程」到底是個什麼樣的概念。

所謂的軟體工程,即是「在面對一個大型的系統時,工程師們要如何分工合作,一起去解決問題」,在這句話裡面有兩個重點,分別是「**大型的系統**」和「**如何分工合作**」。

所以簡單來說，當你今天要寫的是一個超過一兩千行的程式，並且你們的團隊中，有好幾位工程師一起分工合作，在這種情況下，就會開始需要去注重「軟體工程」。

補充

當然小型的系統也可以注重軟體工程，不過效益相對不會那麼大。

另外也因為在實際的工作中，都是會由許多工程師共同合作、一起合力開發功能的，因此掌握好軟體工程的概念仍舊非常重要！

28.2 什麼是 MVC 架構模式？

28.2.1 MVC 架構模式介紹

大概了解了軟體工程的概念之後，我們可以先來看一下「MVC 架構模式」的概念是什麼，接著再來介紹，要如何在 Spring Boot 中去套用 MVC 架構模式的概念。

所謂的「MVC 架構模式」，是軟體工程中的一種軟體架構，而 **MVC 架構模式的用途**，就是將一個系統，去拆分成「**Model、View、Controller**」三個部分，並且讓每一個部分都各自負責不同的功能。

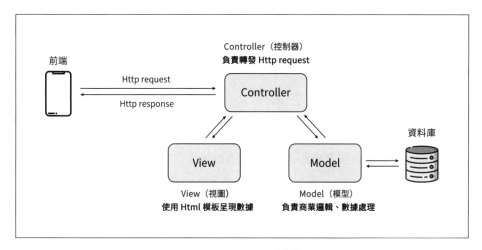

▲ 圖 28-1　MVC 架構模式

上面這一張圖看起來可能有點抽象，不過其實 MVC 架構模式的概念很簡單，他就只是「去把我們所寫的程式分個類」而已。

譬如說你今天寫的這段程式，它可能是屬於 Model 的部分，又或是你寫的這段程式，它是被分類到 Controller 的部分，就只是這樣子而已。MVC 架構模式並不會添加什麼新功能到你的程式裡面，只是為你所寫的程式進行分類而已。

而 MVC 架構模式之所以被稱為是 MVC，原因就是取自於 Model-View-Controller 這三種分類的第一個字母的縮寫，因此這種架構模式，才被稱為是 MVC 架構模式。

Model

在 MVC 架構模式中，Model 所負責的，是「實作商業邏輯，並且處理數據」。

也因為 Model 是負責處理數據，因此 Model 會需要去跟資料庫做溝通，將這些數據的改動給儲存起來，因此 Model 算是在 MVC 的架構中，最重要的一

個部分，因為它實際上就是負責去處理數據，所以我們都會將核心的商業邏輯，寫在 Model 這個部分裡面。

Controller

在 **MVC** 架構模式中，**Controller** 所負責的，是「轉發 **Http request**」。

所以當 Controller 收到來自前端的 Http request 之後，Controller 就會負責將這些請求轉發給 Model，讓 Model 去處理後續的操作。

View

在 **MVC** 架構模式中，**View** 所負責的，是「使用 **Html** 模板去呈現數據」。

不過因為近幾年提倡「前後端分離」的關係，所以版面設計都會交給前端處理，因此在後端這裡，就不需要處理 Html 的版面部分，改成是使用 JSON 格式來傳遞數據給前端，因此 View 這部分，相對來說就變得越來越不重要。

28.2.2　MVC 架構模式的優點

當我們使用了 MVC 架構模式，將我們所寫的後端程式去區分成 Model-View-Controller 這三個部分的話，可以得到以下幾個好處：

- **職責分離**，更容易維護程式
- 使程式結構更直覺，**有利於團隊分工**
- **可重複使用**寫好的程式

28.3 在 Spring Boot 中套用 MVC 架構模式

了解了 MVC 架構模式的運作方式和優點之後,接著我們可以來看一下,要如何在 Spring Boot 中,去套用這個 MVC 架構模式的概念。

> **補充**
>
> MVC 架構模式其實是一個比較抽象的概念,具體要怎麼實作,就會依照不同的框架,而有不同寫法。

在 **Spring Boot 裡面,我們會將 MVC 的架構模式,轉化成是「Controller-Service-Dao 的三層式架構」來實作。**

因此大家以後只要在 Spring Boot 中看到「Controller-Service-Dao」這種三層式架構時,就可以知道它是套用了 MVC 的架構模式在設計了!

28.4 Controller-Service-Dao 三層式架構

在 Controller-Service-Dao 的三層式架構中,其實就是將 Spring Boot 程式,去分成了 Controller、Service 以及 Dao 這三層來管理,讓每一層都去負責不同的功能。

像是在下圖中,就呈現了 Controller、Service、Dao 這三層架構之間的關係,以及它們個別負責的功能。

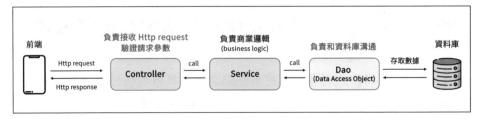

▲ 圖 28-2　Controller-Service-Dao 三層式架構

Controller 層

Controller 層的用途，是負責去「接收前端傳過來的 Http request，並且去驗證請求參數」。

所以像是我們在 Spring MVC 中所介紹的那些註解 `@RequestMapping`、`@RequestParam`……等等，只要是和「前端」進行溝通的部分，就通通會放在 Controller 層裡面。

Service 層

而當 Controller 層接收到前端傳過來的 Http request、並且對其驗證之後，這時候 Controller 就會去 call Service 層，讓 Service 負責去接手後續的處理。

而 Service 層的用途，主要是負責「商業邏輯的處理」，所以主要的核心商業邏輯，都會放在 Service 層在裡面。

Dao 層

Dao 這一層所負責的功能，就是「專門去和資料庫進行溝通的」，所以換句話說的話，Dao 這一層，就會透過 SQL 語法去操作資料庫，進而去查詢、修改資料庫中的數據。

因此我們在 Spring JDBC 中所介紹的所有用法，只要是和「資料庫」溝通的部分，就通通會放在 Dao 層裡面。

> **補充**
>
> Dao 層是 Data access object 的縮寫。

所以透過上面所介紹的 Controller-Service-Dao 的三層式架構的設計，**我們就可以為 Spring Boot 中的程式，依照不同的功能，為它放在不同的層級中。**

因此我們之後就可以透過 Controller-Service-Dao 的三層式架構，更好的去管理和維護 Spring Boot 的程式了！

28.5 實際使用 Controller-Service-Dao 三層式架構

28.5.1 在使用 Controller-Service-Dao 三層式架構之前⋯⋯

在以前沒有 Controller-Service-Dao 三層式架構的概念時，我們所寫出來的 Spring Boot 程式，會將：

- 取得前端參數的 `@GetMapping` 的功能
- 以及和資料庫溝通的 namedParameterJdbcTemplate 的功能

全部放在同一個 class 中實作，這樣子雖然同樣可以完成功能，但是在後續的管理和維護上，就會比較吃力。

```java
@RestController
public class StudentController {

    @Autowired
    private NamedParameterJdbcTemplate namedParameterJdbcTemplate;

    @GetMapping("/students/{studentId}")
    public Student getById(@PathVariable Integer studentId) {

        String sql = "SELECT id, name FROM student WHERE id = :studentId";

        Map<String, Object> map = new HashMap<>();
        map.put("studentId", studentId);

        List<Student> list = namedParameterJdbcTemplate.query(
                sql, map, new StudentRowMapper()
        );

        if (list.size() > 0) {
            return list.get(0);
        } else {
            return null;
        }
    }
}
```

▲ 圖 28-3　在使用 Controller-Service-Dao 三層式架構之前

28.5.2　使用 Controller-Service-Dao 三層式架構之後！

而當我們將上面的程式，改成是使用 Controller-Service-Dao 的三層式架構來改寫的話，就可以改成下面這種寫法：

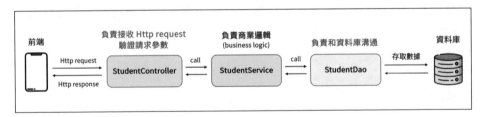

▲ 圖 28-4　使用 Controller-Service-Dao 三層式架構之後

當我們套用了 Controller-Service-Dao 的三層式架構之後，就會將原本的程式，拆分成「三個 class」來負責。

Controller 層：StudentController

StudentController

負責接收前端傳來的 Http request，並且
驗證請求參數

```java
@RestController
public class StudentController {

    @Autowired
    private StudentService studentService;

    @GetMapping("/students/{studentId}")
    public Student getById(@PathVariable Integer studentId) {
        return studentService.getById(studentId);
    }
}
```

▲ 圖 28-5　StudentController 實作

首先是第一個 class 是 StudentController，因為這個 class 的名字是以 Controller 為結尾，因此它是代表 Controller 層，負責去處理和前端的溝通。

在 StudentController 裡面，我們只保留 `@GetMapping` 和 `@PathVariable` 的部分，也就是使用 Spring MVC 的功能，去和前端溝通，取得前端傳過來的參數 studentId。

而取得到 studentId 這個參數的值之後，StudentController 就會去 call StudentService 的 `getById()` 方法，後續交由 Service 層來處理。

Service 層：StudentService

StudentService
負責商業邏輯

```
@Component
public class StudentService {

    @Autowired
    private StudentDao studentDao;

    public Student getById(Integer studentId) {
        return studentDao.getById(studentId);
    }
}
```

▲ 圖 28-6　StudentService 實作

而第二個 class 則是 StudentService，同樣的道理，因為這個 class 的名字是以 Service 作為結尾，因此它是代表 Service 層，負責進行商業邏輯的處理。

在 StudentService 裡面，我們新增了一個 `getById()` 的方法，而這個方法的用途，就是根據 student 的 id，去查詢這一筆 student 的數據出來。

因為目前這個例子比較簡單，所以我們沒有太複雜的商業邏輯要做，只需要去資料庫中查詢這一筆 student 的數據出來就可以了，因此在 StudentService 這裡，只需要直接去 call StudentDao 的 `getById()` 方法，後續交由 Dao 層去和資料庫溝通。

Dao 層：**StudentDao**

StudentDao
負責和資料庫溝通

```
@Component
public class StudentDao {

    @Autowired
    private NamedParameterJdbcTemplate namedParameterJdbcTemplate;

    public Student getById(Integer studentId) {
        String sql = "SELECT id, name FROM student WHERE id = :studentId";

        Map<String, Object> map = new HashMap<>();
        map.put("studentId", studentId);

        List<Student> list = namedParameterJdbcTemplate.query(
                sql, map, new StudentRowMapper()
        );

        if (list.size() > 0) {
            return list.get(0);
        } else {
            return null;
        }
    }
}
```

▲ 圖 28-7 StudentDao 實作

最後第三個 class 是 StudentDao，同樣的道理，因為這個 class 的名字是以 Dao 作為結尾，因此它是代表 Dao 層，負責處理和資料庫的溝通。

也因為 StudentDao 是 Dao 層，負責處理和資料庫的溝通，因此我們在這裡就會直接去透過 namedParameterJdbcTemplate 的寫法，使用 Spring JDBC 的功能，從資料庫中查詢一筆數據出來。

28.5.3 小結

所以透過上面這樣子的改寫，我們將原本的程式，由一個 class 拆分成三個 class，分別透過 StudentController、StudentService、StudentDao 這三個 class，各自去完成 Controller 層、Service 層以及 Dao 層的功能。

因此後續在維護上，假設我們想修改「查詢的 SQL 語法」，那我們就只要去修改 StudentDao 中的程式即可（因為是由 Dao 層管理和資料庫的溝通）。如果我們想要修改的是「前端的請求參數」，那我們就只要去修改 StudentController 中的程式即可（因為是由 Controller 層管理和前端的溝通）。

所以透過 Controller-Service-Dao 的三層式架構，就可以讓我們的 Spring Boot 程式更好管理，以利後續的維護了。

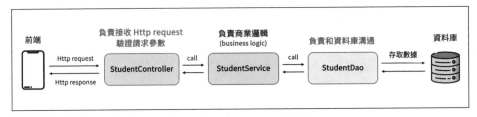

▲ 圖 28-8　使用 Controller-Service-Dao 三層式架構改寫之後的效果

28.6 使用 Controller-Service-Dao 三層式架構的注意事項

在使用 Controller-Service-Dao 的三層式架構時，有幾個注意事項需要遵守：

28.6.1　注意事項一：
透過 Class 名字結尾，表示這是哪一層

像是上面的例子，StudentController 這個 class，因為它是以 Controller 作為結尾，因此在默契上，我們就會將它區分為 Controller 層。又或是 StudentService 這個 class，因為它是以 Service 作為結尾，所以我們就會將它區分為 Service 層。

因此大家之後在使用 Controller-Service-Dao 的三層式架構時，就可以透過這個 class 名字的結尾，快速的知道這個 class 是屬於哪一層，進而知道它所負責的功能是「和前端溝通」、「處理商業邏輯」還是「和資料庫溝通」了。

28.6.2　注意事項二：
將 Controller、Service、Dao，全部變成 Bean

在設計上，我們通常會將 Controller、Service、Dao 這些 class，全部變成是 Spring 容器所管理的 Bean，並且在需要使用它們的時候，就透過 `@Autowired` 的方式，去注入想要使用的 Bean 進來。

譬如說我們會在 StudentController 裡面，使用 `@Autowired` 去注入 StudentService，這樣就可以在 StudentController 裡面，去 call StudentService 的方法來使用。

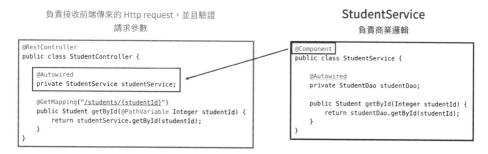

▲ 圖 28-9　在 StudentController 中注入 StudentService

同樣的道理，假設 StudentService 想要使用 StudentDao 的話，那就一樣是可以使用 `@Autowired` 去注入 StudentDao，後續就可以使用 StudentDao 中的方法，去取得資料庫中的數據了。

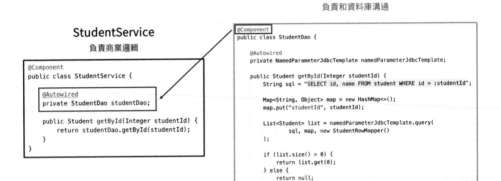

▲ 圖 28-10　在 StudentSerivce 中注入 StudentDao

所以到這邊我們也可以發現，其實我們在「第 5 章～第 10 章」所介紹的 Spring IoC 的部分，全部都是為了這裡在鋪陳！！！

為了要能夠在 Spring Boot 中運用 Controller-Service-Dao 的三層式架構，所以我們必須要先有 Bean 的概念，知道如何創建 Bean、以及 Bean 之間是怎麼注入的，這樣子當我們進到實作時，才能夠知道如何在 StudentService 中，去注入一個 StudentDao 進來。

因此想要掌握 Spring Boot 中的 Controller-Service-Dao 的三層式架構的用法的話，先決條件就是先了解 Bean 的相關操作！得 Bean 者得天下啦！！！

> **補充**
>
> 如果對 Bean 的相關註解 `@Componen`、`@Autowired` 不熟悉的話,可以回頭參考「第 5 章～第 10 章」的介紹。
>
> 上圖中的其他程式(像是第 11 行的 `@RestController`、第 17 行的 `@RequestMapping`),它們是屬於 Spring MVC 的功能,如果對這部分不太熟悉,可以回頭參考「第 13 章～第 23 章」的介紹。

28.6.3 注意事項三: 不能在 Controller 中直接使用 Dao

在 Controller-Service-Dao 的三層式架構中,每一層的分層是很明確的,其中就有一項潛規則,即是「Controller 層不能直接使用 Dao 層的 class」。

所以簡單來說的話,Controller 就一定只能去 call Service,再讓 Service 去 call Dao,絕對不能讓 Controller 直接去 call Dao 就對了。

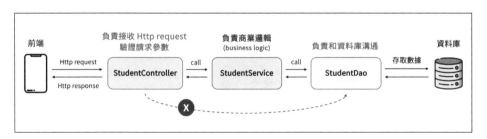

▲ 圖 28-11　StudentController 不能直接 call StudentDao

28.6.4 注意事項四：
Dao 層只能執行 SQL 語法，不能添加商業邏輯

在 Controller-Service-Dao 的三層式架構中，因為 Dao 層的功能是負責去「和資料庫溝通」的，所以在 Dao 這個 class 裡面，只能夠執行 SQL 語法，去和資料庫中的數據互動，但是「不能」在 Dao 層裡面添加商業邏輯的程式。

舉例來說，在取得資料庫的數據之後，假設想要進行排序或是篩選之類的動作，就得回到 Service 層再處理（因為 Service 層是負責商業處理）。

因此在 Controller-Service-Dao 的三層式架構裡面，就會盡量保持 Dao 是非常單純的和資料庫溝通，一切複雜的商業邏輯處理，通通回到 Service 層進行。

28.6.5 小結

所以在實作 Controller-Service-Dao 的三層式架構時，除了要將原本的程式拆分成三個 class，分別由 StudentController、StudentService、StudentDao 來負責不同的部分之外，在使用上，也要遵守以下四個注意事項：

- 透過 Class 名字結尾，表示這是哪一層
- 將 Controller、Service、Dao，全部變成 Bean
- 不能在 Contoller 層中直接使用 Dao 層
- Dao 層只能執行 SQL 語法，不能添加商業邏輯

只要遵守這些注意事項，就能夠實作出一個符合規範的 Controller-Service-Dao 三層式架構了！

28.7 章節總結

在這個章節中，我們先介紹了軟體工程的概念，接著介紹了 MVC 架構模式，並且也有介紹要如何將 MVC 架構模式，轉化成 Spring Boot 中的 Controller-Service-Dao 三層式架構。

而在 Controller-Service-Dao 的三層式架構中，我們也詳細介紹了三層式架構的用法，比較了使用三層式架構的前後差別，最後也補充了使用 Controller-Service-Dao 三層式架構的注意事項，因此大家後續就可以透過這些用法，在你的 Spring Boot 程式中運用 Controller-Service-Dao 的三層式架構了！

那麼到這個章節為止，我們就介紹完 Spring Boot 的基本用法了，分別是：

- 第 1 章～第 4 章：Spring Boot 簡介、環境安裝
- 第 5 章～第 10 章：Spring IoC（Bean 的用法）
- 第 11 章～第 12 章：Spring AOP
- 第 13 章～第 23 章：Spring MVC（和前端溝通）
- 第 24 章～第 28 章：Spring JDBC（和資料庫溝通）

因此學習到這裡，大家就已經具備 Spring Boot 開發的基礎能力，能夠去搭建出一個簡易的後端系統出來了！

所以下一個章節，我們就會來進行一個實戰演練，總和前面所學習到的所有技術，練習去實作一個圖書館的管理系統出來，那我們就下一個章節見啦！

Note

PART 6

實戰演練

CHAPTER

29

實戰演練一
打造一個簡單的圖書館系統

在前面的章節中，我們有介紹了 Spring Boot 中的許多功能，包含 Spring IoC、Spring AOP、Spring MVC（和前端溝通）以及 Spring JDBC（和資料庫溝通），並且也有介紹了 MVC 架構模式，也就是 Controller-Service-Dao 的三層式架構。

所以這個章節，我們就來做個實戰演練，總和前面所學習到的所有功能，練習實作一個圖書館的管理系統出來，所以我們就開始吧！

> **補充**
>
> 本章節的完整程式碼會放在 GitHub 上，建議可以一起搭配觀看，學習效果更好。
>
> GitHub 連結：https://github.com/kucw/springboot-library

29.1 功能分析：圖書館管理系統

在我們開始動手寫程式去實作圖書館管理系統之前，首先可以先來分析一下，在這個圖書館管理系統中，我們想要提供什麼樣的功能。

圖書館管理系統顧名思義，就是用來管理「書」的，所以我們針對「書」這個資源，就可以去實作它的 CRUD 四大基本操作，也就是「新增一本書」、「查詢某一本書」、「更新某本書的資訊」、「刪除某一本書」。

因此下面就會分別來介紹，要如何在 Spring Boot 中設計和實作出「書」的 CRUD 四個功能，完成一個簡易的圖書館管理系統。

29.2　資料庫 table 設計

在設計資料庫 table 時，因為是針對「書本」這個資源做展開，因此我們可以設計一個 book table，去儲存書本的相關資訊，以下是創建 book table 的 SQL 語法：

```
CREATE TABLE book
(
    book_id             INT           NOT NULL PRIMARY KEY AUTO_INCREMENT,
    title               VARCHAR(128)  NOT NULL,
    author              VARCHAR(32)   NOT NULL,
    image_url           VARCHAR(256)  NOT NULL,
    price               INT           NOT NULL,
    published_date      TIMESTAMP     NOT NULL,
    created_date        TIMESTAMP     NOT NULL,
    last_modified_date  TIMESTAMP     NOT NULL
);
```

其中各個欄位的含義如下：

- book_id：表示 book 的唯一 id，由資料庫自動遞增
- title：表示此書的書名
- author：表示此書的作者
- image_url：儲存此書的圖片連結
- price：此書的販售價格

> **補充**
>
> 在實務上只要牽扯到「金錢」的部分，通常會用 BigDecimal 特別處理，不過由於此 project 主要在練習 Spring Boot 的基礎結構和用法，因此此處使用 Integer 類型來簡化實作細節。

- published_date：此書的上架時間
- created_date：創建這筆數據的時間
- last_modified_date：最後修改這筆數據的時間

而設計好資料庫 table 之後，就可以將這段 SQL 語法貼到 IntelliJ 中的 console 上，在 IntelliJ 中執行這個 SQL 語法，在 myjdbc database 中創建 book table 出來。

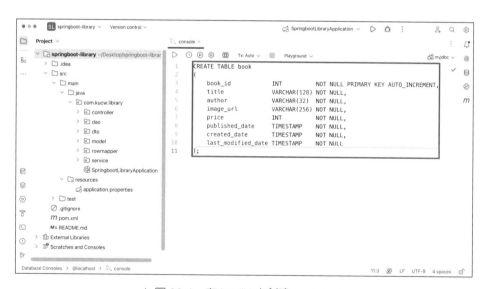

▲ 圖 29-1　在 IntelliJ 中創建 book table

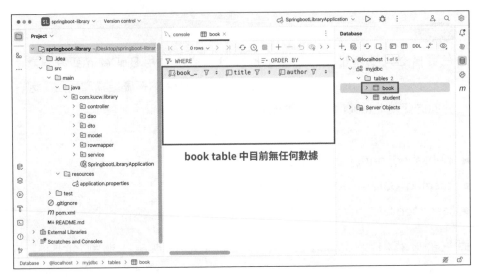

▲ 圖 29-2　創建 book table 的結果

29.3　實作「查詢某一本書」的功能

通常在實作基礎的 CRUD 功能時，建議可以從查詢功能開始實作，也就是先實作「查詢一本書」的功能。

29.3.1　BookController（Controller 層）的實作

我們可以先在 BookController 中，添加如下的程式：

```
@GetMapping("/books/{bookId}")
public ResponseEntity<Book> getBook(@PathVariable Integer bookId) {
    Book book = bookService.getBookById(bookId);

    if (book != null) {
        return ResponseEntity.status(HttpStatus.OK).body(book);
    } else {
```

```
        return ResponseEntity.status(HttpStatus.NOT_FOUND).build();
    }
}
```

補充

由於程式的篇幅過長，因此本書中只會擷取重點部分，完整的程式碼可
以前往 GitHub 查看。

GitHub 連結：https://github.com/kucw/springboot-library

在 BookController 中，因為它是屬於 Controller 層，所以它會使用
`@GetMapping`，去接住前端放在 url 路徑中的 bookId 的參數。

而在接到 bookId 的值之後，BookController 就會直接往後傳給 BookService
去做後續處理，也就是將商業邏輯寫在 Service 層，讓 Controller 層保持「和
前端溝通」的部分。

而當 BookService 返回查詢到的 book 數據之後，BookController 就可以根據
是否有查詢到數據與否，去決定要返回給前端的 Http status code 為何。

像是在下面的程式中，`if` 區塊就呈現出「當 book 不為 null 時，就返回
200 OK 的 Http status code，並且把 book 數據放在 response body 中」的
資訊，而在 `else` 區塊中，則是呈現「當 book 為 null 時，就返回 404 Not
Found 的 Http status code 給前端」。

```
if (book != null) {
    return ResponseEntity.status(HttpStatus.OK).body(book);
} else {
    return ResponseEntity.status(HttpStatus.NOT_FOUND).build();
}
```

> **補充**
>
> 如果不熟悉 Http status code 的話，可以回頭參考「第 23 章 _Http status code（Http 狀態碼）」的介紹。

29.3.2 BookService（Service 層）的實作

實作完 BookController 之後，接著我們往下實作 BookService。

當 BookService 收到 Controller 層傳過來的 bookId 之後，因為這裡的邏輯比較簡單，沒有複雜的商業邏輯要處理，因此 BookService 就只需要直接去 call BookDao 的方法，交由 Dao 層去查詢數據即可。

```
public Book getBookById(Integer bookId) {
    return bookDao.getBookById(bookId);
}
```

29.3.3 BookDao（Dao 層）的實作

而在 BookDao 裡面，因為它是 Dao 層，是負責和資料庫進行溝通，因此就可以在這裡使用 Spring JDBC 的 `query()` 方法，從資料庫中去查詢這一筆 bookId 的數據出來。

```
public Book getBookById(Integer bookId) {
    String sql = "SELECT book_id, title, author, image_url, price,
published_date, created_date, last_modified_date " +
            "FROM book WHERE book_id = :bookId";

    Map<String, Object> map = new HashMap<>();
    map.put("bookId", bookId);
```

```
    List<Book> bookList = namedParameterJdbcTemplate.query(sql, map, new
BookRowMapper());

    if (bookList.size() > 0) {
        return bookList.get(0);
    } else {
        return null;
    }
}
```

因此到這邊,「查詢某一本書」的功能就實作完畢了!

29.3.4 API Tester 實際測試

因為目前 book table 中沒有任何數據,因此在我們到 API Tester 中測試「查詢某一本書」功能之前,需要先在 IntelliJ 的 console 中執行以下的 SQL,手動插入一筆數據到 book table 中。

```
INSERT INTO book (title, author, image_url, price, published_date,
created_date, last_modified_date) VALUES ('先問,為什麼?:顛覆慣性思考的黃金
圈理論,啟動你的感召領導力', '賽門‧西奈克', 'https://im1.book.com.tw/image/
getImage?i=https://www.books.com.tw/img/001/092/65/0010926506.jpg', 331,
'2018-05-23 00:00:00', '2023-10-14 02:42:02', '2023-10-14 02:42:02');
```

插入這本書的數據之後,接著就可以在 API Tester 中,輸入以下的參數設定:

▲ 圖 29-3 「查詢某一本書」的 API Tester 請求參數

輸入完成按下 Send 鍵之後，結果如下：

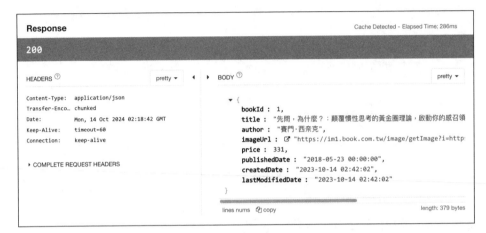

▲ 圖 29-4 「查詢某一本書」的執行結果

29.3.5　補充：時間格式的設定

如果大家實作到這裡，你是完全自己一行一行手打程式，而不是直接下載 GitHub 上的 springboot-library 程式來使用的話，那麼你的 publishedDate、createdDate、以及 lastModifiedDate 的值，會是 `2018-05-22T16:00:00.000+00:00` 的格式，而不是上面截圖中的 `2018-05-2300:00:00` 格式。

會造成這個差異，是因為 Spring Boot 預設的時間格式，是 `2018-05-22T16:00:00.000+00:00`。如果想要改變這個格式，將它變成是 `2018-05-2300:00:00` 的話，會需要在 application.properties 檔案中添加下面這兩行設定：

```
spring.jackson.time-zone=GMT+8
spring.jackson.date-format=yyyy-MM-dd HH:mm:ss
```

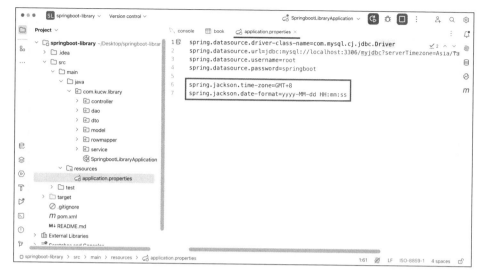

▲ 圖 29-5　時間格式的設定

這樣子就能夠將 Spring Boot 的時間格式，改成是 `2018-05-2300:00:00` 的格式了！

29.4　實作「新增一本書」的功能

實作完「查詢某一本書」的功能之後，第二個推薦實作的，就是「新增一本書」的功能。

29.4.1　BookController（Controller 層）的實作

首先我們一樣是可以先在 BookController 中，添加以下的程式，去接住前端所傳過來的參數：

```
@PostMapping("/books")
public ResponseEntity<Book> createBook(@RequestBody BookRequest bookRequest) {
    Integer bookId = bookService.createBook(bookRequest);
```

```
    Book book = bookService.getBookById(bookId);

    return ResponseEntity.status(HttpStatus.CREATED).body(book);
}
```

在實作「新增一本書」的功能時，通常會分成兩個步驟來實作：

1. 先去 call BookService 的 `createBook()` 方法，真的去資料庫中創建一筆 Book 數據出來。
2. 當資料庫創建好數據之後，查詢該筆 Book 數據出來，然後將這筆 Book 數據回傳給前端。

首先第一步比較單純，就是在 BookController 接收到前端傳過來的 BookRequest 參數之後，就將它往後丟給 BookService 去做處理。範例的前端請求參數如下：

```
{
  "title": "原子習慣：細微改變帶來巨大成就的實證法則",
  "author": "詹姆斯‧克利爾",
  "imageUrl": "https://im1.book.com.tw/image/getImage?i=https://www.books.com.tw/img/001/082/25/0010822522.jpg",
  "price": 260,
  "publishedDate": "2019-06-01 00:00:00"
}
```

▲ 圖 29-6 「新增一本書」的範例請求參數

而第二步的實作與否,其實不會影響到「新增一本書」的具體功能(因為第二步只是查詢而已),因此可以看個人喜好決定是否想要實作第二步。

29.4.2 BookService(Service 層)的實作

在「新增一本書」的實作中,BookService 的實作也是比較簡單,因此只需要直接去 call BookDao,由 Dao 層去處理和資料庫的溝通,在資料庫中去創建一筆數據出來就可以了。

```
public Integer createBook(BookRequest bookRequest) {
    return bookDao.createBook(bookRequest);
}
```

29.4.3 BookDao(Dao 層)的實作

而在 BookDao 裡面,因為它是 Dao 層,是負責和資料庫進行溝通,因此就可以在這裡使用 Spring JDBC 的 `update()` 方法,在資料庫中新增一筆 Book 的數據。

```
public Integer createBook(BookRequest bookRequest) {
    String sql = "INSERT INTO book(title, author, image_url, price,
published_date, created_date, last_modified_date) " +
            "VALUES (:title, :author, :imageUrl, :price, :publishedDate,
:createdDate, :lastModifiedDate)";

    Map<String, Object> map = new HashMap<>();
    map.put("title", bookRequest.getTitle());
    map.put("author", bookRequest.getAuthor());
    map.put("imageUrl", bookRequest.getImageUrl());
    map.put("price", bookRequest.getPrice());
    map.put("publishedDate", bookRequest.getPublishedDate());

    Date now = new Date();
    map.put("createdDate", now);
    map.put("lastModifiedDate", now);

    KeyHolder keyHolder = new GeneratedKeyHolder();

    namedParameterJdbcTemplate.update(sql, new MapSqlParameterSource(map),
keyHolder);

    int bookId = keyHolder.getKey().intValue();

    return bookId;
}
```

這裡比較值得注意的是 `KeyHolder` 的用法，他是 `update()` 中比較進階的用法。**`KeyHolder` 的用途，是在創建一筆數據到資料庫時，能夠取得到「由資料庫所生成的 id」**。

像是我們前面在設計 book table 時，其中的 book_id 欄位，我們是設定成 `AUTO_INCREMENT`，而這就會導致一種現象，即是「我們在 Spring Boot 中插入了一筆數據，但是我們卻不知道這筆數據的 id 值是多少」。

```
book_id  INT NOT NULL PRIMARY KEY AUTO_INCREMENT,
```

因此 `KeyHolder` 就是為了解決這個問題而誕生的！

只要在執行 `update()` 方法時，同時也加入一個 `KeyHolder` 的參數，這樣子就可以在創建數據時，同時也取得到「資料庫所自動產生的 id 的值」了（也就是取得到 book id 的值）。

```
KeyHolder keyHolder = new GeneratedKeyHolder();
namedParameterJdbcTemplate.update(sql, new MapSqlParameterSource(map),
keyHolder);
int bookId = keyHolder.getKey().intValue();
```

所以到這邊，我們也完成了「新增一本書」的功能實作了！

29.4.4　API Tester 實際測試

要測試「新增一本書」的功能的話，只需要在 API Tester 中，輸入以下的參數設定：

```
{
  "title": "原子習慣：細微改變帶來巨大成就的實證法則",
  "author": "詹姆斯・克利爾",
  "imageUrl": "https://im1.book.com.tw/image/getImage?i=https://www.
books.com.tw/img/001/082/25/0010822522.jpg",
  "price": 260,
  "publishedDate": "2019-06-01 00:00:00"
}
```

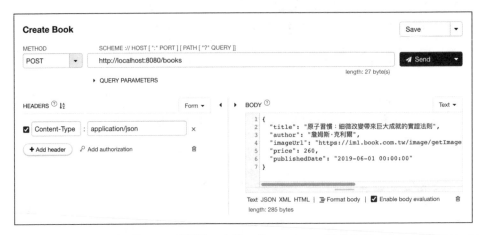

▲ 圖 29-7 「新增一本書」的 API Tester 請求參數

輸入完成按下 Send 鍵之後，結果如下：

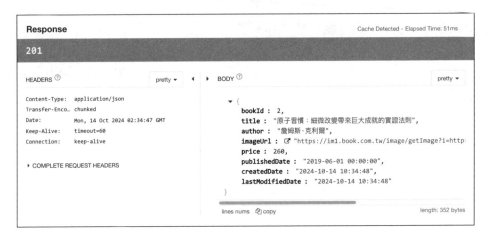

▲ 圖 29-8 「新增一本書」的請求結果

注意這裡有一個小細節，就是返回的 Http status code 為 201，而不是普通的 200。

201 不僅是表示這一次的 Http 請求成功而已，**它還額外表示「有一個新的資源成功的被創建了」的含義**。也因為如此，201 很常被用在 POST 請求所返回的 Http status code 上。

> **補充**
>
> 有關 201 的詳細介紹，可以回頭參考「第 23 章 _Http status code
> （Http 狀態碼）」的介紹。

29.5 實作「更新某一本書」的功能

實作完「新增一本書」的功能之後，接著我們往下實作「更新某一本書」的
功能。

29.5.1 BookController（Controller 層）的實作

首先我們一樣是可以先在 BookController 中，添加以下的程式，去接住前端
所傳過來的參數：

```
@PutMapping("/books/{bookId}")
public ResponseEntity<Book> updateBook(@PathVariable Integer bookId,
                                       @RequestBody BookRequest bookRequest) {
    // 檢查 book 是否存在
    Book book = bookService.getBookById(bookId);

    if (book == null) {
        return ResponseEntity.status(HttpStatus.NOT_FOUND).build();
    }

    // 修改 Book 的數據
    bookService.updateBook(bookId, bookRequest);

    Book updatedBook = bookService.getBookById(bookId);

    return ResponseEntity.status(HttpStatus.OK).body(updatedBook);
}
```

在實作「更新某一本書」的功能時，也是會分成兩個步驟來進行：

1. 先檢查此 Book 是否存在，如果不存在，即返回 404 Not Found 的錯誤給前端。

2. 如果此 Book 存在，則修改該 Book 的數據，並返回修改後的 Book 數據給前端。

之所以會分成兩個步驟來執行，是因為透過這樣子的寫法，才能讓前端知道「具體遇到的是什麼狀況」。

譬如說當前端拿到 404 的錯誤時，它就會知道可能是它的 bookId 參數寫錯，因此前端就可以回頭去修改它的請求參數；而如果前端拿到的是 200 成功，就表示更新 Book 數據成功。

假設我們不分成兩步驟來做，而是一拿到前端的 bookId 參數，就直接去根據該 bookId 來更新數據的話，雖然資料庫的執行上不會出問題，但是對於前端來說，他卻會拿到一個 200 的成功回應，因此就會變成「前端明明嘗試更新一筆不存在的數據，但是我們卻跟它說 OK 更新成功」，邏輯上不是很合理。

所以這裡才會分成兩步驟，先判斷 Book 是否存在，如果存在，才更新該 Book，讓我們的後端程式可以更忠實的呈現正確的邏輯。

29.5.2 BookService（Service 層）的實作

在這個功能中，BookService 的實作也是比較簡單，所以它就只需要直接去 call BookDao，由 Dao 層去處理和資料庫的溝通，在資料庫中去修改這筆 Book 數據就可以了。

```
public void updateBook(Integer bookId, BookRequest bookRequest) {
    bookDao.updateBook(bookId, bookRequest);
}
```

29.5.3 BookDao（Dao 層）的實作

而在 BookDao 裡面，則可以使用 Spring JDBC 的 `update()` 方法，在資料庫中去更新這一筆 book 的數據。

```
public void updateBook(Integer bookId, BookRequest bookRequest) {
    String sql = "UPDATE book SET title = :title, author = :author,
image_url = :imageUrl, " +
            "price = :price, published_date = :publishedDate, last_
modified_date = :lastModifiedDate" +
            " WHERE book_id = :bookId ";

    Map<String, Object> map = new HashMap<>();
    map.put("bookId", bookId);

    map.put("title", bookRequest.getTitle());
    map.put("author", bookRequest.getAuthor());
    map.put("imageUrl", bookRequest.getImageUrl());
    map.put("price", bookRequest.getPrice());
    map.put("publishedDate", bookRequest.getPublishedDate());

    map.put("lastModifiedDate", new Date());

    namedParameterJdbcTemplate.update(sql, map);
}
```

這裡在實作上要注意一個細節，就是在更新數據時，記得要同步去更新 book table 中的 `last_modified_date` 欄位的值，將它更新成當前的時間。

之所以要特別更新 `last_modified_date` 的時間，是因為 `last_modified_date` 的含義是「最後修改這筆數據的時間」，因此其他人透過這個欄位，就可以知道這筆數據最後在什麼時候被修改過。

因此當我們對 book table 中的數據進行更新時，就要記得同時也去更新他的 `last_modified_date` 的值，確保這個值永遠是最新的。

所以到這邊，我們也就完成了「更新某一本書」的功能實作了！

29.5.4 API Tester 實際測試

假設我們要更新 id 為 2 的那本書，那就只需要在 API Tester 中，輸入以下的參數設定：

```
{
  "title": "Atomic Habits: An Easy & Proven Way to Build Good Habits &
Break Bad Ones",
  "author": "James Clear",
  "imageUrl": "https://im1.book.com.tw/image/getImage?i=https://www.
books.com.tw/img/001/082/25/0010822522.jpg",
  "price": 1000000,
  "publishedDate": "2019-06-01 00:00:00"
}
```

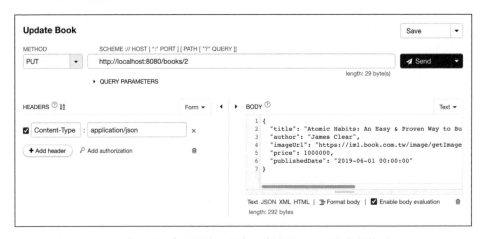

▲ 圖 29-9 「更新某一本書」的 API Tester 請求參數

輸入完成按下 Send 鍵之後，結果如下：

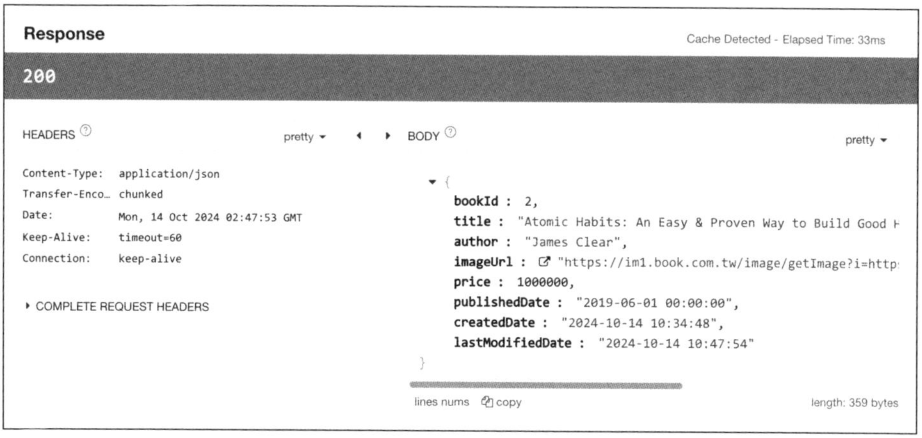

```
Response                                          Cache Detected - Elapsed Time: 33ms

200

HEADERS ⓘ                    pretty ▾   ◀  ▶   BODY ⓘ                          pretty ▾

Content-Type:   application/json                 ▾ {
Transfer-Enco… chunked                               bookId : 2,
Date:          Mon, 14 Oct 2024 02:47:53 GMT        title : "Atomic Habits: An Easy & Proven Way to Build Good H
Keep-Alive:    timeout=60                            author : "James Clear",
Connection:    keep-alive                            imageUrl : ☑ "https://im1.book.com.tw/image/getImage?i=http
                                                     price : 1000000,
▸ COMPLETE REQUEST HEADERS                           publishedDate : "2019-06-01 00:00:00",
                                                     createdDate : "2024-10-14 10:34:48",
                                                     lastModifiedDate : "2024-10-14 10:47:54"
                                                   }

                                                 lines nums  ⧉ copy          length: 359 bytes
```

▲ 圖 29-10 「更新某一本書」的請求結果

29.6 實作「刪除某一本書」的功能

實作完上述的功能之後，最後則是來實作「刪除某一本書」的功能。

29.6.1 BookController（Controller 層）的實作

首先我們一樣是可以先在 BookController 中，添加以下的程式，去接住前端所傳過來的參數：

```
@DeleteMapping("/books/{bookId}")
public ResponseEntity<?> deleteBook(@PathVariable Integer bookId) {
    bookService.deleteBookById(bookId);

    return ResponseEntity.status(HttpStatus.NO_CONTENT).build();
}
```

在實作「刪除某一本書」的功能時，它的設計理念，會和上面的「更新某一本書」有點不一樣。

在上面的「更新某一本書」中，我們會先去檢查該書是否存在，然後再根據該書是否存在，去返回不同的 Http status code 給前端。但是在實作「刪除某一本書」時，不管這本書存不存在，我們就只要通通回傳成功的 204 No Content 的 Http status code 給前端即可。

之所以會有這樣子的差異，**是因為在「刪除某一本書」的觀念裡，他的目的就是「要去刪除那一本書」**，換句話說的話，就是「要讓那本書的數據從地球上消失」，因此這時會有兩種情況：

■ 假設這本書存在，我們刪除它，所以這本書的數據就不存在了，完美！因此回傳成 204 No Content 給前端。

■ 假設這本書不存在，即使我們不去刪，在邏輯意義上，這本書的數據也是不存在的，一樣完美！因此也是回傳 204 No Content 給前端。

所以對於「刪除某一本書」的功能來說，它在意的「不是」有沒有執行刪除數據的行為，它在意的是「該數據是否真的消失了」。只要數據消失，不管它是曾出現過然後被刪除、還是從來就沒出現過，對於「刪除某一本書」這個功能來說，就通通都是回成功的 204 No Content 就對了！

29.6.2 BookService（Service 層）的實作

在這個功能中，BookService 的實作也是比較簡單，所以就只需要直接去 call BookDao，由 Dao 層去處理和資料庫的溝通，在資料庫中去刪除這筆 Book 數據就可以了。

```
public void deleteBookById(Integer bookId) {
    bookDao.deleteBookById(bookId);
}
```

29.6.3　BookDao（Dao 層）的實作

而在 BookDao 裡面，則可以使用 Spring JDBC 的 `update()` 方法，在資料庫中去刪除這一筆 book 的數據。

```
public void deleteBookById(Integer bookId) {
    String sql = "DELETE FROM book WHERE book_id = :bookId ";

    Map<String, Object> map = new HashMap<>();
    map.put("bookId", bookId);

    namedParameterJdbcTemplate.update(sql, map);
}
```

所以到這邊，我們也就完成了「刪除某一本書」的功能實作了！

29.6.4　API Tester 實際測試

假設我們要刪除 id 為 1 的那本書，那就只需要在 API Tester 中，輸入以下的參數設定：

▲ 圖 29-11　「刪除某一本書」的 API Tester 請求參數

輸入完成按下 Send 鍵之後，結果如下：

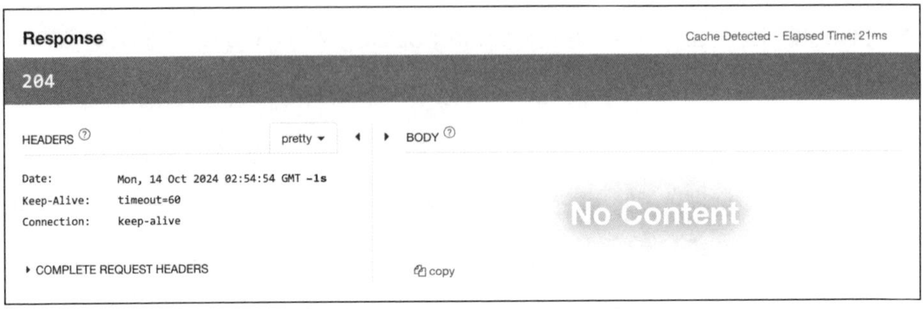

Response   Cache Detected - Elapsed Time: 21ms

204

HEADERS ⑦   pretty ▾   ◀   ▶ BODY ⑦

Date: Mon, 14 Oct 2024 02:54:54 GMT -1s
Keep-Alive: timeout=60
Connection: keep-alive

                                         No Content

▸ COMPLETE REQUEST HEADERS   ⎘ copy

▲ 圖 29-12 「刪除某一本書」的請求結果

29.7 圖書館管理系統總結

在實作完上述的四個功能之後，我們就完成了針對「書本」這個資源的 CRUD 實作了：

- 新增一本書（Create）
- 查詢某一本書（Read）
- 更新某一本書的資訊（Update）
- 刪除某一本書（Delete）

因此對於管理員來說，就可以透過這個後端系統，在資料庫中去新增、刪除、查詢、和修改裡面的書本了！

不過，對於一個圖書館管理系統來說，其實單單只有 CRUD 的功能，是沒辦法滿足所有的需求的。

- 像是管理員可能需要「查詢書本列表」的功能，要能夠根據出版時間、價格、名字……等等的因素，去列出符合條件的書本有哪些。

- 又或是管理員可能想要「權限管理」的功能，只讓正職員工擁有「新增、修改、刪除」書本的功能，而讓實習生只有「查詢」書本的功能，避免實習生誤操作，使得資料庫中的書本資料被刪除。

因此針對一個圖書館管理系統，背後還是有許多功能可以延伸的！不過這些強大的功能，都是建立在 CRUD 功能已經完成的前提下，才有辦法往下延伸。

所以大家在剛入門 Spring Boot 時，建議一定要打好 CRUD 的基礎，只有當你能夠獨當一面實作出 CRUD 的功能時，才算是具備後端工程師的基本能力。

補充

雖然大家在實作 CRUD 時可能會覺得很重複，但還是建議大家可以好好打下這邊的基礎，練好 CRUD 的基本功，這樣後續不管是要繼續去學習 Spring Boot 的進階功能或是延伸去學習 Spring Security……等框架，絕對是會很有幫助的！

29.8 章節總結

這個章節我們先分析了「圖書館管理系統」需要實作哪些功能，並且針對「書本」這個資源，去設計了 CRUD 的四大基本操作，同時也有實際的在 Spring Boot 中，練習去實作出 CRUD 的四個功能出來。

那麼有關 Spring Boot 的基礎入門介紹，到這邊就告一個段落了，所以下一個章節我們就會來總結一下，在這本書中我們都介紹了哪些知識，來做一個大總結，那我們就下一個章節見啦！

Note

CHAPTER

30

Spring Boot
零基礎入門總結

終於來到本書的最後一個章節啦！能看到這裡的你真的非常厲害！！

這個章節會總結一下我們在本書的 30 個章節中都介紹了哪些部分，最後也會補充一些有關 Spring Boot 的學習路徑，所以我們就開始吧！

30.1 所以，我們到底學到了哪些東西？

從最一開始，大家可能還不太熟悉 Spring Boot（甚至沒聽過 Spring Boot），但是在經過了本書的 30 個章節介紹之後，大家基本上可以掌握：

Spring IoC（第 5 章～第 10 章）

- 了解 IoC、DI、Bean 的概念
- 能夠在 Spring Boot 中創建一個 Bean、注入一個 Bean、初始化一個 Bean
- 能夠讀取 application.properties 中的設定值到 Bean 裡面

Spring AOP（第 11 章～第 12 章）

■ 了解 AOP 中切面的概念

■ 能夠在 Spring Boot 中運用 AOP 的用法

Spring MVC（第 13 章～第 23 章）

■ 了解 Http request 和 response 中各項欄位的意義、JSON 格式、RESTful API

■ 能夠在 Spring Boot 中運用四種註解，接住前端傳遞過來的參數

■ 能夠在 Spring Boot 中設計和實作出 RESTful API

Spring JDBC（第 24 章～第 28 章）

■ 能夠在 Spring Boot 中執行 INSERT、UPDATE、DELETE、SELECT 的 SQL 語法，存取資料庫中的數據

■ 了解 MVC 架構模式，並且能夠在 Spring Boot 中套用 Controller-Service-Dao 三層式架構

實戰演練（第 29 章）

■ 能夠使用 Spring Boot，架設出一個簡單的圖書館管理系統（包含 CRUD 四大功能）

■ 能夠運用 IntelliJ 軟體開發 Spring Boot 程式

所以透過這 30 個章節的介紹，大家就已經具備 Spring Boot 的基礎實作能力了！恭喜！！

30.2　Spring Boot 的學習路徑

30.2.1　深入了解 Spring Boot（深度）

如果大家在看完本書對於 Spring Boot 零基礎入門的介紹之後，還想要進階學習 Spring Boot 的相關知識的話，建議可以朝以下幾個方向下手：

Spring MVC 的進階用法

- 驗證請求參數的方式：`@Valid`、`@NotNull`……等等
- Controller 層的異常處理：`@ControllerAdvice+@ExceptionHandler`
- 攔截器（Interceptor）的用法

Spring JDBC 的進階用法

- `@Transactional` 交易管理

Spring Boot 單元測試

- JUnit、MockMvc、Mockito……等等的用法
- H2 資料庫的用法
- 測試驅動開發 TDD 的理念

套件管理工具

- Maven 或是 Gradle

30.2.2　Spring 全家桶（廣度）

如果上述比較進階的 Spring Boot 用法也了解的差不多之後，接下來也可以考慮學習 Spring 全家桶中的其他功能，增加知識的廣度，像是：

- SpringSecurity：資訊安全的驗證
- SpringCloud：微服務整合

或者也可以學習其他非 Spring 技術，像是：

- Git
- RabbitMQ 或是 Kafka
- ElasticSearch

總之技術是沒有學完的一天的！只要隨時保持精進自己的步伐，不斷的累積實力，就能越變越強的！

30.3 關注我，學習更多後端知識

如果你看完本書仍意猶未盡，推薦可以追蹤我的 Facebook 粉專以及我經營的《古古的後端筆記》電子報，我會定期分享後端工程師必備的知識，希望能夠在後端這條路上和大家一起學習成長。

> **補充**
>
> 訂閱《古古的後端筆記》電子報：https://kucw.io/bio/
>
> Facebook 粉專：https://www.facebook.com/kucw.io/

除此之外，我也有在 Hahow 平台上開設三門線上課程：

- Java 工程師必備！ Spring Boot 零基礎入門
- 資安一把罩！ Spring Security 零基礎入門
- GitHub 免費架站術！輕鬆打造個人品牌

其中《Java 工程師必備！ Spring Boot 零基礎入門》是基於本書的內容中，額外添加了更多 Spring Boot 的用法介紹，以及一個全新的實戰演練（實作簡易的電商網站）。

所以如果你想更了解 Spring Boot 的用法，後續也歡迎你一起加入線上課程的學習。

補充

我開設的線上課程：https://hahow.in/@pk74323jacky

30.4 章節總結

寫在這本書的最後，最後我要吶喊：我終於成功出書啦！！！能堅持到這一天真的是各種千辛萬苦，很感謝所有支持我創作的每一位粉絲、朋友，也再次感謝你的耐心閱讀。

今後我仍舊會繼續精進後端知識、並且努力分享給大家的。那我們就下一本書再見啦！

Note

Note

Note

博碩文化

博碩文化